高等职业教育规划教材

仪器分析

YIQI FENXI

王艳红　刘福胜　主编
张冬梅　主审

化学工业出版社
·北京·

内 容 简 介

《仪器分析》依据高职高专教育教学理念，根据制药企业仪器分析岗位的工作实际设计而编写，旨在培养药学相关专业学生仪器分析岗位的综合职业素养与操作技能。本教材主要介绍光谱分析技术、色谱分析技术、电化学分析技术的操作规程及技能要求，系统阐述了仪器分析岗位需要具备的操作技能与知识储备。本教材活页式装订使理论及实践教学内容的选取更为灵活，可适应学生理论学习、实践操作、实训考核等不同学习方式的要求。

为增加教材的直观性与可操作性，将相关知识难点及操作重点作为数字资源，以二维码的方式植入教材，学生可随时扫描进行预习或复习。

本教材可供医药卫生高等职业院校药品质量与安全、药物生产技术等药学相关专业使用，也可作为制药企业药品检验岗位的员工培训教材。

图书在版编目（CIP）数据

仪器分析／王艳红，刘福胜主编．—北京：化学工业出版社，2021.7
高等职业教育规划教材
ISBN 978-7-122-39087-5

Ⅰ．①仪… Ⅱ．①王… ②刘… Ⅲ．①仪器分析-高等职业教育-教材 Ⅳ．①O657

中国版本图书馆CIP数据核字（2021）第083792号

责任编辑：旷英姿 蔡洪伟　　文字编辑：师明远 姚子丽
责任校对：宋　夏　　　　　　装帧设计：王晓宇

出版发行：化学工业出版社（北京市东城区青年湖南街13号　邮政编码100011）
印　　装：中煤（北京）印务有限公司
787mm×1092mm　1/16　印张14¼　字数310千字　2021年6月北京第1版第1次印刷

购书咨询：010-64518888　　售后服务：010-64518899
网　　址：http://www.cip.com.cn

凡购买本书，如有缺损质量问题，本社销售中心负责调换。

定　价：58.00元　　版权所有　违者必究

 编审人员

主　　编　王艳红　刘福胜

副 主 编　李振兴　邹小丽　丁晓红

编写人员　（按姓氏笔画为序）

　　　　　　丁晓红　山东药品食品职业学院

　　　　　　王　缨　山东药品食品职业学院

　　　　　　王迪敏　山东药品食品职业学院

　　　　　　王艳红　山东药品食品职业学院

　　　　　　历　娜　山东药品食品职业学院

　　　　　　刘福胜　山东药品食品职业学院

　　　　　　李振兴　山东药品食品职业学院

　　　　　　邹小丽　山东药品食品职业学院

　　　　　　沈振铎　山东绿叶制药有限公司

　　　　　　张任男　山东药品食品职业学院

　　　　　　陈芮稼　山东罗欣药业集团股份有限公司

　　　　　　封美慧　山东药品食品职业学院

主　　审　张冬梅　威海市药品检验所

前言

根据《国家职业教育改革实施方案》文件精神，为做好"三教改革"和配套教材开发，仪器分析课程教学团队通过对多家企事业单位仪器分析岗位进行深度调研，对药学类专业的仪器分析课程进行了重点建设和一系列改革，并校企合作编写了《仪器分析》教材。

本教材按照"以学生为中心、以学习成果为导向、促进自主学习"思路进行教材开发设计，弱化"教学材料"的特征，强化"学习资源"的功能，通过教材引领，构建深度学习管理体系。将"以企业岗位任职要求、职业标准、工作过程"作为教材主体内容，将"以德树人、课程思政"有机融合到教材中，提供丰富、适用的多种类型立体化、信息化课程资源，实现教材多功能作用。

本教材的编写素材来自企业一线的真实检验案例，紧扣高职教育为企业岗位服务的宗旨。其创新性和特色在于：

1. 设置了项目导向。每一项目下设置了"职业岗位、职业形象、职场环境、工作目标"，便于让学生提前了解本课程服务的工作岗位、岗位的环境等硬件要求、对人员的要求，使学生明确努力的方向。

2. 设置了任务驱动。突出仪器分析技术的应用，工作任务来自企业一线的真实检验案例，采用任务驱动法组织教学内容，并配备执行性强的操作指南及任务实施中需要的学习资源，便于教师实施一体化教学和实践教学，统一教学标准。

3. 为适应教学信息化发展的需要，增加教学的直观性及可视性，编者将相关知识难点及操作重点做成数字资源，以二维码的形式植入教材，学生可随时扫描进行预习或复习，为学生提供了一个新的学习平台。

采用活页式装订，使本教材能更好地满足以实践项目、工作任务为载体组织教学单元的需要，使教学中理论与实践内容的选取更为灵活。

本教材绪论由王艳红编写，模块一由刘福胜、王缨、张任男、王迪敏、王艳红编写，模块二由封美慧、李振兴、刘福胜、丁晓红编写，模块三由邹小丽、历娜、沈振铎、陈芮稼编写。

教材的编写得到了山东药品食品职业学院药学系、教务处及众多制药企业技术人员的支持和帮助，在此一并表示感谢。

由于编者水平有限，书中难免有不足之处，敬请批评指正。

编 者

2021年2月

目 录
CONTENTS

绪 论 / 001

模块一 光谱分析技术 / 004

 项目一 紫外-可见分光光度技术 / 005
  任务1 比色皿的配对 / 005
  任务2 吸光度的准确度检查 / 009
  任务3 杂散光的检查 / 013
  任务4 紫外光谱法鉴别甲硝唑 / 017
  任务5 吸收系数法鉴别甲硝唑 / 021
  任务6 对照品比较法测定高锰酸钾含量 / 025
  任务7 标准曲线法测定高锰酸钾含量 / 029
  任务8 维生素C片的颜色检查 / 033
  学习资源 / 037
  项目评价 / 043

 项目二 红外分光光度技术 / 045
  任务1 压片法制备固体样品 / 045
  任务2 图谱比较法鉴别甲硝唑 / 049
  任务3 标准对照法鉴别维生素C / 053
  学习资源 / 057
  项目评价 / 063

 项目三 原子吸收分光光度技术 / 064
  任务1 标准加入法测定养殖用水中铜离子含量 / 064
  任务2 标准曲线法测定高锰酸钾消毒液的含量 / 069
  任务3 石墨炉法测定胶囊中铬离子含量 / 075
  学习资源 / 081
  项目评价 / 087

模块二　色谱分析技术 / 089

项目一　柱色谱技术 / 090
任务　亚甲蓝中甲基橙的分离与含量测定 / 090
学习资源 / 095

项目二　薄层色谱技术 / 103
任务1　薄层板的制备 / 103
任务2　薄层色谱法鉴别山药 / 107
学习资源 / 111
项目评价 / 116

项目三　气相色谱技术 / 118
任务1　内标法测定白酒中乙酸乙酯的含量 / 118
任务2　气相色谱仪的维护 / 123
学习资源 / 127
项目评价 / 137

项目四　高效液相色谱法 / 138
任务1　高效液相色谱法鉴别甲硝唑 / 138
任务2　面积归一化法测定甲硝唑含量 / 143
任务3　外标一点法测定甲硝唑含量 / 149
任务4　高效液相色谱法测定头孢氨苄胶囊含量 / 155
任务5　甲硝唑的有关物质检测 / 161
任务6　高效液相色谱仪维护 / 167
学习资源 / 169
项目评价 / 177

模块三　电化学分析技术 / 180

项目一　直接电位法 / 181
任务1　电极的选择与维护 / 181
任务2　葡萄糖注射液pH值测定 / 185
学习资源 / 189

项目评价 / 196

项目二　电位滴定法 / 197
　　任务　混合碱的含量测定 / 197
　　学习资源 / 203
　　项目评价 / 206

项目三　永停滴定法 / 207
　　任务　磺胺嘧啶的含量测定 / 207
　　学习资源 / 211
　　项目评价 / 214

参考文献 / 215

绪 论

研究物质的化学组成、含量、结构和形态等化学信息的科学，称为分析化学。分析化学根据方法原理和操作方式不同可分为化学分析和仪器分析。

化学分析法是以物质的化学反应及其计量关系为基础的分析方法，主要有重量分析法和滴定分析法。化学分析法主要用于常量和半微量分析，所用仪器简单，结果准确度较高，但方法不够灵敏。

仪器分析法是在化学分析法的基础上逐步发展起来的一类分析方法，是以物质的物理性质和物理化学性质为基础的分析方法，一般用于微量或痕量组分的分析。由于这类方法通常要使用较特殊的仪器，因而称之为"仪器分析"。

随着科学技术的迅猛发展，仪器分析方法也得到了不断创新和进步，其应用领域不断扩大，已成为药学、医学检验、食品卫生、预防医学等学科的重要专业基础课程。因此，常用仪器分析的一些基本原理和实验技术已成为从事这些工作的人员所必须掌握的基础知识和基本技能。

分类

按照测量过程中所观测的性质进行分类。

1. 光谱分析技术

光学分析技术是利用待测定组分的光学性质进行分析测定的一类分析技术，通常分为光谱技术和非光谱技术两类。光谱技术包括原子光谱和分子光谱。利用被测定组分中的分子所产生的吸收光谱的分析技术，即通常所说的紫外-可见分光光度法、红外分光光度法；利用被测定组分的发射光谱的分析技术，常见的有荧光分光光度法；利用被测定组分中的原子吸收光谱的分析方法，即原子吸收分光光度法。

2. 色谱分析技术

色谱分析技术是利用物质中的各组分在互不相溶两相（固定相和流动相）中的吸附、分配、离子交换、排斥渗透等性能方面的差异进行分离分析测定的一类仪器分析技术。色谱分析技术分为气相色谱技术、高效液相色谱技术、薄层色谱技术和离子交换色谱技术等。本课程重点学习气相色谱技术、高效液相色谱技术和薄层色谱技术。

3. 电化学分析技术

电化学分析技术是利用待测组分在溶液中的电化学性质进行分析测定的一类仪器分析方法。根据所测量电信号不同分为：电位分析法、伏安分析法、电导分析法和电解分析法。本课程重点学习电位分析法和伏安法中的永停滴定法。

4. 其他仪器分析技术

近 30 年来，随着世界科学技术和经济的飞速发展，以及科研、生产的需要，涌现出了大批新型的、具有特殊用途的仪器分析技术和方法，如联用技术、拉曼光谱法和超临界流体色谱法等。

特点

① 操作简便、分析速度快。例如，气相色谱技术只要数分钟，就可以分离数十种化合物。

② 灵敏度高，选择性好。大多数仪器分析技术适用于微量、痕量分析，质量分数可达 10^{-8} 或 10^{-9} 数量级，甚至达 10^{-12} 数量级。

许多分析仪器可以通过选择或调整测试条件，使试样中共存组分的测定互不产生干扰，体现出仪器分析方法较好的选择性。

③ 自动化程度高。由于仪器多是信息技术终端控制，容易实现样品的在线分析和遥控监测。

④ 用途广泛。能适应工农业生产和科学研究的各种分析要求。

⑤ 样品用量少。化学分析法样品取用量为 $10^{-4} \sim 10^{-1}$ g；仪器分析法样品取用量常为 $10^{-8} \sim 10^{-2}$ g。

⑥ 仪器设备较复杂，价格较昂贵；某些仪器对工作环境要求较高等。

除以上特点外，仪器分析准确度不够高，通常相对误差在百分之几左右，有的甚至更大。因此，对常量组分分析不能达到化学分析所具有的高准确度，在选择方法时需要考虑。同时，进行仪器分析之前，一般需要用化学分析法对试样进行预处理（如富集、除去干扰物质等）。仪器分析方法的结果一般都需要以化学分析方法标定好的标准物质进行校准。正如著名分析化学家梁树权先生所说"化学分析和仪器分析同是分析化学两大支柱，两者唇齿相依，相辅相成，彼此相得益彰"。

发展趋势

现代科学技术的发展、生产的需要和人民生活水平的提高对分析化学提出了新的要求，为了适应科学发展，仪器分析随之也将出现以下发展趋势：

（1）方法创新　进一步提高仪器分析方法的灵敏度、选择性和准确度。各种选择性检测技术和多组分同时分析技术等是当前仪器分析研究的重要课题。

（2）分析仪器智能化　电脑在仪器分析法中不仅只运算分析结果，而且可以储存分析方法和标准数据，控制仪器的全部操作，实现分析操作自动化和智能化。

（3）新型动态分析检测和非破坏性检测　离线的分析检测不能瞬时、直接、准确地反映生产实际和生命环境的情景实况，不能及时控制生产过程。运用先进的技术和分析原理，研究并建立有效而实用的实时、在线和高灵敏度、高选择性的新型动态分析检测和非破坏性检测，将是 21 世纪仪器分析发展的主流。目前，生物传感器和酶传感器、免疫传感器、DNA 传感器、细胞传感器等不断涌现；纳米传感器的出现也为活体分析带来了机遇。

（4）多种方法的联合使用　仪器分析多种方法的联合使用可以使每种方法的优点得以发挥，每种方法的缺点得以补救。联用分析技术已成为当前仪器分析的重要发展方向。

（5）扩展时空多维信息　随着环境科学、宇宙科学、能源科学、生命科学、临床化学、生物医学等学科的兴起，现代仪器分析的发展已不局限于将待测组分分离出来进行表征和测量，而且成为一门为物质提供尽可能多的化学信息的科学。随着人们对客观物质认识的深入，某些过去所不甚熟悉的领域（如多维、不稳定和边界条件等）也逐渐提到日程上来。现代核磁共振波谱、质谱、红外光谱等分析方法，可提供有机物分子的精细结构、空间排列构成及瞬态变化等信息，为人们对化学反应历程及生命的认识提供了重要基础。

总之，作为化学科学分析的一个重要的分支，仪器分析技术在很多行业应用中展现了它巨大的优势。随着科学技术的迅猛发展，分析仪器将越来越先进、实用，仪器分析理论也将越来越完善。仪器分析正在向快速、准确、灵敏及适应特殊分析的方向迅速发展。

模块一　光谱分析技术

职业岗位　　光谱工作岗位。主要负责药品、食品等检品的紫外-可见吸收光谱、红外吸收光谱、原子吸收光谱等技术的检验。

职业形象　　光谱分析工。
（1）理解紫外-可见吸收光谱、红外吸收光谱、原子吸收光谱分析技术的基本原理；
（2）熟悉紫外-可见吸收光谱、红外吸收光谱、原子吸收光谱技术的检验标准操作规程；
（3）能熟练操作紫外-可见分光光度计、红外吸收光谱仪、原子吸收分光光度计，能进行简单的维护和保养，熟悉常见故障及排除办法；
（4）能熟练运用紫外-可见吸收光谱、红外吸收光谱、原子吸收光谱技术完成药品的鉴别、纯度检查、含量测定等检验任务；
（5）能正确处理光谱图和检验数据，正确填写检验记录，发放报告。

职场环境　　紫外-可见光谱室、红外光谱室、原子吸收光谱室等。
　　室内应清洁无尘，悬挂窗帘挡光，避免阳光直射，保持干燥，相对湿度一般不要大于60%。室内应备有温度计和湿度计，并配有空调设备，原子吸收光谱室应安装排风设施。仪器均须安放在牢固的水平台面上，仪器主机需连接稳压器，不得在仪器室里存放或转移挥发性、腐蚀性的试剂。

工作目标　　基本目标：能根据光谱分析法标准操作规程，正确规范使用光谱仪器对检品进行分析检验，养成分析工作整洁、有序，珍惜仪器设备的良好实验习惯。
　　拓展目标：能对仪器进行简单的维护和保养，熟悉常见故障及排除办法。

项目 一
紫外-可见分光光度技术

任务1 比色皿的配对

工作任务

用紫外-可见分光光度计进行检测，选择波长220nm，以蒸馏水为介质，将一个比色皿的透光率调至100%后，测量同一组光路长度的其他比色皿透光率，比较任意两个比色皿透光率的差值。

任务目标

（1）素养　具备标准意识、规范意识、实事求是、精益求精的工匠精神。
（2）知识　掌握紫外-可见分光光度法的基本原理；掌握仪器的构造和工作原理。
（3）技能　能熟练操作紫外-可见分光光度计；能熟练进行比色皿配对检验，正确记录并判断结果。

任务实施

1. 分析任务，设计流程
开机、仪器预热→选择测量模式、设置参数→空白校正→光度测量→结果判断。

2. 任务准备
紫外-可见分光光度计、石英比色皿2个、蒸馏水、擦镜纸、手套等。

3. 操作要点
（1）打开仪器，预热30min（详见紫外-可见分光光度计使用说明书）；
（2）选择光度测量模式；
（3）光度方式选择T%，设置波长为220nm，以蒸馏水为介质；
（4）取同一组待测比色皿加入蒸馏水，分别置于1号、2号光路通道；
（5）检测同一组待测比色皿的透光率差值，记录数据。

4. 实验结果
记录同一组待测比色皿的透光率差值为_____。

5. 结果判断

标准规定：以蒸馏水为介质，同一组石英比色皿的透光率差值应不得大于 0.3%。

结论：□符合规定　□不符合规定

必备知识

（1）吸收池也称比色皿，用光学玻璃制成的吸收池，只能用于可见光区。用熔融石英（氧化硅）制成的吸收池，适用于紫外光区，也可用于可见光区。盛空白溶液的吸收池与盛试样溶液的吸收池应互相匹配。

（2）吸收池相互匹配，也称为吸收池的配对，要求吸收池的光学性能彼此一致。当吸收池中装入同一溶剂，在规定波长下测定各吸收池的透光率，如透光率相差在 0.3% 以下者可配对使用，否则必须加以校正。

总结提高

（1）必须正确使用吸收池，注意保护吸收池的两个光学面。

（2）操作结束后，应仔细检查样品室内是否有溶液溢出，若有溢出必须随时用滤纸吸干，否则会引起测量误差或影响仪器使用寿命。

巩固练习

自主练习玻璃比色皿的配对检验,根据评价表完成自我评定,上传学习平台。

 ## 任务评价

比色皿配对任务评价表

班级:_____   姓名:_____   学号:_____

序号	任务要求	配分/分	得分/分
1	制定工作方案	10	
2	准备仪器	20	
3	参数设置	20	
4	空白校正	10	
5	光度测量	10	
6	正确判断结果	10	
7	结束后清场	10	
8	态度认真、操作规范有序	10	
	总分	100	

操作指南
1. 比色皿使用说明
2. TU-1810 紫外-可见分光光度计的使用(光度测量)

工作报告

班级：　　　　　姓名：　　　　　学号：　　　　　成绩：

工作任务	
任务目标	
任务准备	
任务实施	
注意事项	
学习反思	

任务2　吸光度的准确度检查

工作任务

可用重铬酸钾的硫酸溶液进行检定。取在120℃干燥至恒重的基准重铬酸钾约60mg，精密称定，用0.005mol/L硫酸溶液溶解并稀释至1000mL，在规定的波长处测定并计算其吸收系数，应符合规定。

任务目标

（1）素养　具备标准意识、规范意识、实事求是、精益求精的工匠精神。
（2）知识　掌握紫外-可见分光光度计的校正和检定方法；掌握仪器的构造和工作原理。
（3）技能　能熟练操作紫外-可见分光光度计；能熟练进行吸光度准确度检查，正确记录并判断结果。

任务实施

1. 分析任务，设计流程

开机、仪器预热 → 溶液的制备 → 选择测量模式、设置参数 → 空白校正 → 光度测量 → 结果判断。

2. 任务准备

紫外-可见分光光度计、比色皿1对、蒸馏水、重铬酸钾硫酸溶液、0.005mol/L硫酸溶液、擦镜纸、手套等。

3. 操作要点

打开仪器，预热30min（详见紫外-可见分光光度计使用说明书）。
（1）进入光度测量模式，设置参数。
光度方式：Abs。
测定波长：输入测定波长。
暗电流校正。
F3试样池设置。
（2）以0.005mol/L硫酸为参比，点击【Zero】调零。
（3）将重铬酸钾硫酸溶液置于光路中，点击【Start】进行吸光度测定。
（4）记录各波长对应的吸光度。
（5）重复测量3次，记录数据，进行计算。

4. 实验结果

次数	不同波长的吸光度			
	235nm	257nm	313nm	350nm
1				
2				
3				

计算过程：

$$A = Ecl$$

5. 结果判断

分光光度计吸光度的检定

波长/nm	235（最小）	257（最大）	313（最小）	350（最大）
吸收系数的规定值	124.0	144.0	48.6	106.6
吸收系数许可范围	123.0～126.0	142.8～146.2	47.0～50.3	105.5～108.5

结论：□符合规定　□不符合规定

 ## 必备知识

根据 Lambert-Beer 定律，物质在一定波长处的吸光度与浓度之间有线性关系。采用紫外-可见分光光度计测定溶液的吸光度，吸光度测量得是否准确，直接影响溶液浓度的测定值，因此要进行吸光度的准确度检查。

选择一定的波长测定一定浓度溶液的吸光度，即可求出吸收系数。并与规定的吸收系数比较，来判断吸光度的准确度，检查是否符合规定。

 ## 总结提高

（1）正确选择参比溶液进行基线校正，准确测定各波长处的吸光度。
（2）根据 Lambert-Beer 定律，正确求出吸收系数，但因注意浓度单位。

巩固练习

查阅国标，自主设计其他方法进行吸光度准确度实验，根据评价表完成自我评定，上传学习平台。

 任务评价

吸光度的准确度检查任务评价表

班级：_____   姓名：_____   学号：_____

序号	任务要求	配分/分	得分/分
1	制定工作方案	5	
2	准备仪器、药品	10	
3	溶液的配制	10	
4	参数设置	10	
5	参比溶液的校正	10	
6	光度测量	10	
7	正确计算并判断结果	25	
8	结束后清场	10	
9	态度认真、操作规范有序	10	
	总分	100	

工作报告

班级：　　　　姓名：　　　　学号：　　　　成绩：

工作任务	
任务目标	
任务准备	
任务实施	
注意事项	
学习反思	

任务3　杂散光的检查

工作任务

0.01g/mL 的碘化钠水溶液，在 220nm 处测定，透光率应小于 0.8%；0.05g/mL 的亚硝酸钠水溶液，在 340nm 处测定，透光率应小于 0.8%。

任务目标

（1）素养　具备标准意识、规范意识、实事求是、精益求精的工匠精神。
（2）知识　掌握紫外-可见分光光度计的校正和检定方法；掌握仪器的构造和工作原理。
（3）技能　能熟练操作紫外-可见分光光度计；能熟练进行杂散光检查操作，正确记录并判断结果。

任务实施

1. 分析任务，设计流程

开机、仪器预热→溶液的制备→选择测量模式、设置参数→空白校正→光度测量→结果判断。

2. 任务准备

紫外-可见分光光度计、比色皿1对、蒸馏水、碘化钠、亚硝酸钠、擦镜纸、手套等。

3. 操作要点

（1）打开仪器，预热 30min（详见紫外-可见分光光度计使用说明书）；
（2）取碘化钠 0.25g，置于 25mL 容量瓶中，加纯化水溶解并稀释至刻度，摇匀，作为碘化钠测量溶液；
（3）取亚硝酸钠 1.25g，置于 25mL 容量瓶中，加纯化水溶解并稀释至刻度，摇匀，作为亚硝酸钠测量溶液；
（4）选择光度测量模式，设置参数：光度方式为 T%；
（5）取纯化水，加入石英比色皿，进行空白校正；
（6）分别按照实验结果表中波长要求，进行测量，记录数据；
（7）清洗比色皿，关机，填写仪器使用记录。

4. 实验结果

试剂	浓度/（g/mL）	测定波长/nm	透光率/%
碘化钠水溶液	0.01	220	
亚硝酸钠水溶液	0.05	340	

5. 结果判断

标准规定：碘化钠水溶液 220nm 处，透光率应小于 0.8%；亚硝酸钠水溶液 340nm 处，透光率应小于 0.8%。

结论：□符合规定　□不符合规定

必备知识

当入射光经过不均匀的待测物质时，会有一部分光因散射而损失。另外，入射光在通过物质溶液内外界面时又有反射作用，从而使透射光强度减小，致使偏离朗伯-比尔定律。散射光和反射光对透射光强度的影响，在分析中不容忽视。

巩固练习

结合操作实际,总结紫外-可见分光光度计产生杂散光的因素。

 任务评价

杂散光检查任务评价表

班级:_____ 姓名:_____ 学号:_____

序号	任务要求	配分/分	得分/分
1	制定工作方案	5	
2	准备仪器、药品	10	
3	溶液的配制	10	
4	参数设置	10	
5	空白校正	10	
6	光度测量	20	
7	正确判断结果	15	
8	结束后清场	10	
9	态度认真、操作规范有序	10	
	总分	100	

工作报告

班级：　　　　　姓名：　　　　　学号：　　　　　成绩：

工作任务	
任务目标	
任务准备	
任务实施	
注意事项	
学习反思	

任务4　紫外光谱法鉴别甲硝唑

工作任务

取供试品，精密称定，加盐酸溶液（9→1000）溶解并定量稀释制成每1mL中约含13μg供试品的溶液，照紫外-可见分光光度法（通则 ❶0401）测定，在277nm的波长处有最大吸收，在241nm的波长处有最小吸收。

任务目标

（1）素养　具备标准意识、规范意识、实事求是、精益求精的工匠精神。

（2）知识　掌握紫外-可见分光光度技术的定性分析方法；掌握仪器的构造和工作原理。

（3）技能　能熟练操作紫外-可见分光光度计；能熟练进行光谱法鉴别操作，正确记录并判断结果。

任务实施

1. 分析任务，设计流程

开机、仪器预热 → 溶液的制备 → 选择测量模式、设置参数 → 基线校正 → 光谱扫描 → 结果判断。

2. 任务准备

紫外-可见分光光度计、比色皿、分析天平、甲硝唑、100mL容量瓶2个、1mL移液管1支、盐酸（9→1000）、擦镜纸、手套等。

3. 操作要点

（1）打开仪器，预热30min（详见紫外-可见分光光度计使用说明书）；

（2）取供试品约0.13g，置于100mL容量瓶中，加稀盐酸溶解并稀释至刻度，摇匀；

（3）精密量取步骤（2）所得溶液1mL置于100mL容量瓶中，加稀盐酸溶解并稀释至刻度，摇匀，作为供试品溶液；

（4）选择光谱测量模式，设置参数：波长范围300～200nm；

（5）取稀盐酸，加入石英比色皿中，进行基线校正；

（6）取供试品溶液，加入石英比色皿中，进行光谱扫描；

---

❶ 通则是指《中国药典》2020年版四部通用技术要求目次中的通则内容，下同。

（7）查看峰值，记录数据；
（8）清洗比色皿，关机，填写仪器使用记录。

4. 实验结果

本品在_____nm 处，有最大吸收，在_____nm 处，有最小吸收。

附图：

5. 结果判断

标准规定：在 277nm 的波长处有最大吸收，在 241nm 的波长处有最小吸收。

结论：□符合规定　　□不符合规定

总结提高

（1）在不同波长下测定物质对光吸收的程度（吸光度），以波长为横坐标，以吸光度为纵坐标所绘制的曲线，称为吸收曲线，又称吸收光谱。测定的波长范围在紫外-可见光区，称紫外-可见光谱，简称紫外光谱。

（2）用紫外光谱对物质鉴定时，主要根据光谱上的一些特征吸收，包括最大吸收波长、肩峰、吸收系数、吸光度比等，特别是最大吸收波长和吸收系数是鉴定物质的常用参数。

（3）仪器波长的允许误差为：紫外光区应为 ±1nm；波长 500nm 附近，应控制在 ±2nm。

巩固练习

自主练习维生素 C 的鉴别,根据评价表完成自我评定,上传学习平台。

 ## 任务评价

紫外光谱法鉴别任务评价表

班级:_____ 姓名:_____ 学号:_____

序号	任务要求	配分/分	得分/分
1	制定工作方案	5	
2	准备仪器、药品	10	
3	溶液的配制	10	
4	参数设置	10	
5	基线校正	10	
6	光谱扫描	20	
7	正确判断结果	15	
8	结束后清场	10	
9	态度认真、操作规范有序	10	
	总分	100	

操作指南
TU-1810 紫外-可见分光光度计的使用(光谱模式)

工作报告

班级:　　　　　姓名:　　　　　学号:　　　　　成绩:

工作任务	
任务目标	
任务准备	
任务实施	
注意事项	
学习反思	

任务5　吸收系数法鉴别甲硝唑

工作任务

取供试品,精密称定,加盐酸溶液(9→1000)溶解并定量稀释制成每1mL中约含13μg供试品的溶液,照紫外-可见分光光度法(通则0401)测定,在277nm波长处测定吸光度,吸收系数 $E_{1cm}^{1\%}$ 为365~389。

任务目标

(1)素养　具备标准意识、规范意识、实事求是、精益求精的工匠精神。
(2)知识　掌握紫外-可见分光光度技术的定性分析方法;掌握仪器的构造和工作原理。
(3)技能　能熟练操作紫外-可见分光光度计;能熟练进行紫外吸收系数的测定,正确记录并判断结果。

任务实施

1. 分析任务,设计流程

开机、仪器预热→溶液的制备→选择测量模式、设置参数→空白校正→吸光度测定→结果判断。

2. 任务准备

紫外-可见分光光度计、比色皿、分析天平、甲硝唑、100mL容量瓶2个、1mL移液管1支、盐酸(9→1000)、擦镜纸、手套等。

3. 操作要点

(1)打开仪器,预热30min(详见紫外-可见分光光度计使用说明书)。
(2)取本品约0.13g,置于100mL容量瓶中,加稀盐酸溶解并稀释至刻度,摇匀。
(3)精密量取步骤(2)所得溶液1mL置于100mL容量瓶中,加稀盐酸溶解并稀释至刻度,摇匀,作为供试品溶液。
(4)选择光度测量模式,设置参数:光度方式为Abs;测定波长为277nm±2nm。
(5)取稀盐酸,加入石英比色皿中,进行空白校正。
(6)取供试品溶液,加入石英比色皿中,进行测定,记录数据。
(7)选择吸光度最大处的波长,确定测定波长。

（8）重复步骤（5）、（6），测定供试品溶液吸光度。
（9）清洗比色皿，关机，填写仪器使用记录。

4. 实验结果

本品在_____（最大吸收波长）处，吸光度为_____。

计算过程：$A=E_{1cm}^{1\%}Lc$

5. 结果报告

标准规定：在277nm波长处测定吸光度，吸收系数 $E_{1cm}^{1\%}$ 为 365～389。

结论：本品的吸收系数为_____。

必备知识

吸收系数的物理意义是吸光物质在单位浓度及单位厚度时的吸光度。在给定单色光、溶剂和温度等条件下，吸收系数是物质的特征常数，表明物质对某一特定波长光的吸收能力，不同物质对同一波长的单色光，可有不同吸收系数，吸收系数愈大，表明该物质的吸光能力愈强，测定的灵敏度愈高，所以吸收系数是定性分析的依据。

总结提高

（1）测定时，除另有规定外，应以配制供试品溶液的同批溶剂为空白对照，采用1cm的石英吸收池，在规定的吸收峰波长±2nm以内测试几个点的吸光度，或由仪器在规定波长附近自动扫描测定，以核对供试品的吸收峰波长位置是否正确。除另有规定外，吸收峰波长应在该品种项下规定的波长±2nm以内，并以吸光度最大的波长作为测定波长。

（2）一般供试品溶液的吸光度读数，以在0.3～0.7为宜。

巩固练习

自主练习维生素 C 吸收系数测定,根据评价表完成评定,上传学习平台。

任务评价

吸收系数法鉴别任务评价表

班级:_____ 姓名:_____ 学号:_____

序号	任务要求	配分/分	得分/分
1	制定工作方案	5	
2	准备仪器、药品	10	
3	溶液的配制	10	
4	参数设置	10	
5	空白校正	10	
6	光度测量	10	
7	正确计算并判断结果	25	
8	结束后清场	10	
9	态度认真、操作规范有序	10	
	总分	100	

工作报告

班级：　　　　　姓名：　　　　　学号：　　　　　成绩：

工作任务	
任务目标	
任务准备	
任务实施	
注意事项	
学习反思	

任务6　对照品比较法测定高锰酸钾含量

工作任务

取供试品，精密称定，加水溶解并定量稀释制成每 1mL 中约含 30μg 供试品的溶液，照紫外 - 可见分光光度法（通则 0401）测定，在 525nm 的波长处测定吸光度，另取高锰酸钾对照品适量，精密称定，加水溶解并定量稀释制成每 1mL 中约含 30μg 高锰酸钾的溶液，同法测定，计算，即得。

任务目标

（1）素养　具备标准意识、规范意识、实事求是、精益求精的工匠精神。
（2）知识　掌握紫外 - 可见分光光度技术的定量分析方法；掌握仪器的构造和工作原理。
（3）技能　能熟练操作紫外 - 可见分光光度计；能熟练进行光谱法鉴别操作，正确记录并判断结果。

任务实施

1. 分析任务，设计流程

开机、仪器预热→溶液的制备→选择测量模式、设置参数→空白校正→吸光度测定→结果报告。

2. 任务准备

紫外 - 可见分光光度计、比色皿、分析天平、高锰酸钾、100mL 容量瓶 2 个、1mL 移液管 1 支、盐酸（9→1000）、擦镜纸、手套等。

3. 操作要点

（1）打开仪器，预热 30min（详见紫外 - 可见分光光度计使用说明书）。
（2）取本品约 0.3g，置于 100mL 容量瓶中，加水溶解并稀释至刻度，摇匀。
（3）精密量取步骤（2）所得溶液 1mL 置于 100mL 容量瓶中，加水溶解并稀释至刻度，摇匀，作为供试品溶液。
（4）选择光度测量模式，设置参数：光度方式为 Abs；吸收波长为 525nm。
（5）取空白溶剂，加入石英比色皿，进行空白校正。
（6）取对照品溶液，加入石英比色皿，进行光度测量，测定吸光度。
（7）重复步骤（6），测定供试品溶液吸光度。
（8）清洗比色皿，关机，填写仪器使用记录。

4. 实验结果

本品在_____nm 有最大吸收，选择_____nm 作为测定波长。

对照品吸光度 $A_{对}$ =_____；供试品吸光度 $A_{样}$ =_____

计算过程：

5. 结果报告

本品的含量（%）为_____。

必备知识

对照品比较法：在相同条件下配制样品溶液和对照品溶液，在所选波长处分别测定其吸光度，根据 $\dfrac{c_{样}}{c_{对}} = \dfrac{A_{样}}{A_{对}}$，可求出样品溶液的浓度。为了减小误差，对照品比较法一般配制对照品溶液的浓度与样品溶液浓度接近。

总结提高

分别配制供试品溶液和对照品溶液，对照品溶液中所含被测成分的量应为供试品溶液中被测成分规定量的 100%±10%，所用溶剂也应完全一致。

巩固练习

自主练习利用对照品比较法测定甲硝唑含量,根据评价表完成自我评定,上传学习平台。

 任务评价

含量测定任务评价表

班级:_____　　姓名:_____　　学号:_____

序号	任务要求	配分/分	得分/分
1	制定工作方案	5	
2	准备仪器、药品	10	
3	溶液的配制	10	
4	参数设置	10	
5	空白校正	10	
6	吸光度测定	10	
7	正确计算并判断结果	30	
8	结束后清场	5	
9	态度认真、操作规范有序	10	
	总分	100	

工作报告

班级：　　　　　姓名：　　　　　学号：　　　　　成绩：

工作任务	
任务目标	
任务准备	
任务实施	
注意事项	
学习反思	

任务7　标准曲线法测定高锰酸钾含量

工作任务

取供试品适量，精密量取，加水溶解并定量稀释制成每 1mL 中约含 30μg 供试品的溶液，作为供试品溶液。另取高锰酸钾对照品，精密称定，加水溶解并定量稀释成每 1mL 含有 12μg 高锰酸钾、18μg 高锰酸钾、30μg 高锰酸钾、36μg 高锰酸钾和 48μg 高锰酸钾的溶液，作为对照品系列溶液，取对照品系列溶液照紫外-可见分光光度法（通则 0401），在 525nm 处测定吸光度，根据吸光度与浓度，绘制标准曲线。取供试品溶液，同法测定，计算高锰酸钾的含量。

任务目标

（1）素养　具备标准意识、规范意识、实事求是、精益求精的工匠精神。

（2）知识　掌握紫外-可见分光光度技术的含量测定方法；掌握仪器的构造和工作原理。

（3）技能　能熟练操作紫外-可见分光光度计；能熟练进行标准曲线的绘制，利用标准曲线计算未知物含量。

任务实施

1. 分析任务，设计流程

开机、仪器预热→溶液的制备→测定→计算→结果报告。

2. 任务准备

紫外-可见分光光度计、比色皿、高锰酸钾对照品母液（0.6mg/mL）、高锰酸钾供试品溶液（约 0.6mg/mL）、100mL 容量瓶 6 个、10mL 刻度吸管 2 支、胶头滴管 1 支、纯化水、擦镜纸、手套等。

3. 操作要点

（1）打开仪器，预热 30min（详见紫外-可见分光光度计使用说明书）。

（2）精密量取供试品溶液 5mL 置于 100mL 容量瓶中，加水溶解并稀释至刻度，摇匀，作为供试品溶液。

（3）分别精密量取高锰酸钾对照品母液（0.6mg/mL）2mL、3mL、5mL、6mL 和 8mL，置于 100mL 容量瓶中，用水稀释并定容至刻度，作为对照品系列溶液。

（4）选择（光度测量）模式，设置参数：光度方式为 Abs；吸收波长为 525nm。

(5) 取空白溶剂，加入石英比色皿中，进行空白校正。

(6) 取对照系列溶液，加入石英比色皿中，进行光度测量，测定吸光度；以浓度为横坐标，吸光度为纵坐标，绘制标准曲线。

(7) 重复步骤（6），测定供试品溶液吸光度。

(8) 清洗比色皿，关机，填写仪器使用记录。

4. 实验结果

对照品吸光度为_____、_____、_____、_____、_____。

线性方程为_____

供试品吸光度 $A_{样}$=_____

计算过程：

5. 结果报告

本品的浓度为_____。

  总结提高

（1）先配制一系列浓度不同的标准溶液（或对照品溶液），在测定条件相同的情况下，分别测定其吸光度，然后以标准溶液的浓度为横坐标，以其相应的吸光度为纵坐标，绘制 A-c 关系图，称为标准曲线。但多数情况下标准曲线并不通过原点。在相同条件下测出试样溶液的吸光度，就可以从标准曲线上查出试样溶液的浓度，也可用回归直线方程计算试样溶液的浓度。

（2）当测试样品较多，且浓度范围相对较接近的情况下，这种方法比较适用。制作标准曲线时，待测溶液的浓度应在标准溶液浓度范围内。

巩固练习

自主练习标准曲线法测定甲硝唑含量,根据评价表完成评定,上传学习平台。

 任务评价

含量测定任务评价表

班级:_____ 姓名:_____ 学号:_____

序号	任务要求	配分/分	得分/分
1	制定工作方案	5	
2	准备仪器、药品	10	
3	溶液的配制	10	
4	参数设置	10	
5	空白校正	10	
6	吸光度测定	10	
7	工作曲线的绘制	15	
8	正确判断结果	10	
9	结束后清场	10	
10	态度认真、操作规范有序	10	
	总分	100	

工作报告

班级：　　　　　　姓名：　　　　　　学号：　　　　　　成绩：

工作任务	
任务目标	
任务准备	
任务实施	
注意事项	
学习反思	

任务8　维生素C片的颜色检查

工作任务

取供试品细粉 0.13g，加水 25mL，振摇使溶解，滤过，滤液照紫外-可见分光光度法（通则 0401），在 420nm 波长处测定吸光度，不得超过 0.07。

任务目标

（1）素养　具备标准意识、规范意识、实事求是、精益求精的工匠精神。
（2）知识　掌握紫外-可见分光光度技术用于杂质检查的基本原理；掌握仪器的构造和工作原理。
（3）技能　能熟练操作紫外-可见分光光度计；能利用紫外可见-分光光度计进行吸光度测定，正确记录并判断结果。

任务实施

1. 分析任务，设计流程
开机、仪器预热→溶液的制备→选择测量模式、设置参数→空白校正→光度测量→结果判断。

2. 任务准备
紫外-可见分光光度计、比色皿、分析天平、维生素 C 片、25mL 容量瓶 1 个、漏斗、滤纸、擦镜纸、手套等。

3. 操作要点
（1）打开仪器，预热 30min（详见紫外-可见分光光度计使用说明书）。
（2）取本品 0.13g，置于 25mL 容量瓶中，加（水）溶解并稀释至刻度，摇匀，滤过，作为供试品溶液。
（3）选择（光度测量）模式，设置参数：光度方式为 Abs；波长为 420nm。
（4）取水，加入石英比色皿中，进行空白校正。
（5）取供试品溶液，加入石英比色皿中，进行测定，记录数据。
（6）清洗比色皿，关机，填写仪器使用记录。

4. 实验结果
本品在 420nm 处，吸光度为_____。

5. 结果判断
标准规定：在 420nm 波长处测定吸光度，不得超过 0.07。

结论：□符合规定　□不符合规定

总结提高

　　如果化合物在紫外-可见光区没有明显吸收，而所含杂质有较强吸收，那么含有的少量杂质就可以用光谱检查出来。例如，乙醇和环己烷中含少量杂质苯，苯在 256nm 处有吸收峰，而乙醇和环己烷在此波长处无吸收，乙醇中含苯量低达 0.001%，也能从光谱中检测出来。

巩固练习

自主练习维生素 C 原料药的颜色检查,根据评价表完成自我评定,上传学习平台。

 任务评价

维生素 C 片的颜色检查任务评价表

班级:_____   姓名:_____   学号:_____

序号	任务要求	配分 / 分	得分 / 分
1	制定工作方案	5	
2	准备仪器、药品	10	
3	溶液的配制	10	
4	参数设置	10	
5	空白校正	10	
6	光度测量	20	
7	正确判断结果	15	
8	结束后清场	10	
9	态度认真、操作规范有序	10	
	总分	100	

工作报告

班级：　　　　　姓名：　　　　　学号：　　　　　成绩：

工作任务	
任务目标	
任务准备	
任务实施	
注意事项	
学习反思	

> 学习资源

紫外 - 可见分光光度法又称为紫外 - 可见吸收光谱法，是在 190～800nm 波长范围内测定物质的吸光度，用于药品的鉴别、杂质检测和含量测定的方法。紫外 - 可见分光光度法灵敏度较高，一般可达 10^{-7}～10^{-4} g/mL 或更低范围。

电磁辐射

光是一种电磁辐射（又称电磁波），是一种以巨大速度通过空间而不需要任何物质作为传播媒介的光（量）子流，它具有波动性和微粒性。

光的波动性用波长 λ、波数 σ 和频率 ν 表征。λ 是在波的传播路线上具有相同振动相位的相邻两点之间的线性距离，常用 nm 作为单位。σ 是每厘米长度中波的数目，单位为 cm^{-1}。ν 是每秒内的波动次数，单位为 Hz。在真空中波长、波数和频率的关系为：$\nu = c/\lambda$，$\sigma = 1/\lambda = \nu/c$。

式中，c 是光在真空中的传播速度，$c = 2.997925 \times 10^{10}$ cm/s。电磁辐射在空气中的传播速度与其在真空中相差不多。

光的微粒性用每个光子具有的能量 E 表征。光子的能量与频率成正比，与波长成反比。它与频率、波长和波数的关系为：

$$E = h\nu = hc/\lambda = hc\sigma$$

式中，h 是普朗克常数，其值等于 6.6262×10^{-34} J·s；能量 E 的单位常用电子伏特（eV）、焦耳（J）表示。

电磁波谱

从 γ 射线一直至无线电波都是电磁辐射，光是电磁辐射的一部分，它们在性质上是完全相同的，区别仅在于波长或频率不同，即光子具有的能量不同。表 1-1-1 表示电磁波谱的分区及所激发跃迁类型。

表 1-1-1 电磁波谱分区及所激发跃迁类型

辐射区段	波长范围	能级跃迁类型	光谱类型
γ 射线	10^{-4}～10^{-3} nm	原子核能级跃迁	γ 射线
X 射线	10^{-3}～10 nm	内层电子能级跃迁	X 射线
紫外辐射	10～400 nm	外层电子能级跃迁	紫外光谱、荧光光谱
可见光区	400～800 nm	外层电子能级跃迁	可见吸收光谱
红外辐射	0.80～1000 μm	分子振动转动能级跃迁	红外光谱
微波区	0.1～100 cm	电子自旋能级跃迁	微波谱、电子自旋共振波谱
无线电波区	1～1000 m	核自旋能级跃迁	核磁共振波谱

模块一 光谱分析技术

物质对光的选择性吸收

当白光照射到物质上时，如果物质对白光中某种颜色的光产生了选择性的吸收，则物质就会显示出一定的颜色。物质所显示的颜色是吸收光的互补色。物质的颜色是由于物质对不同波长的光具有选择性的吸收作用而产生的。例如 $KMnO_4$ 溶液呈紫色，原因是当白光通过 $KMnO_4$ 溶液时，选择性地吸收了白光中的绿色光，其他光不被吸收而透过溶液。透过的光线中，除紫色光外，其他颜色的光互补为白光，所以 $KMnO_4$ 溶液呈透过的紫光颜色。

课堂互动 为什么 $KMnO_4$ 溶液呈紫色，而 $CuSO_4$ 溶液呈蓝色？

不同物质吸收不同波长的光线，是由物质的组成和结构决定的，所以物质对光的吸收具有专属选择性。利用物质对光的选择性吸收，可定性分析物质。

趣味学习

单色性指光的波长范围的宽窄程度。单色光是只具有一种波长的光。复合光是由两种以上波长组成的光。在可见光范围内，不同波长光的颜色是不同的。平常所见的白光（日光、白炽灯光等）是一种复合光，它是由红、橙、黄、绿、青、蓝、紫等不同颜色的单色光按一定比例混合而得的。

白光除了可由所有波长的可见光复合得到外，还可由适当的两种颜色的光按一定比例复合得到。能复合成白光的两种颜色的光叫互补色光。如青光与红光互补，绿光与紫光互补。

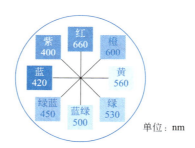

单位：nm

紫外-可见吸收光谱

紫外-可见光谱，简称紫外光谱。吸收曲线的峰称为吸收峰，它所对应的波长为最大吸收波长，常用 λ_{max} 表示。曲线的谷所对应的波长称为最小吸收波长，常用 λ_{min} 表示。在吸收曲线上短波长端底只能呈现较强吸收但又不成峰形的部分，称末端吸收。在峰旁边的小曲折，形状像肩的部位，称为肩峰，其对应的波长用 λ_{sh} 表示，如图 1-1-1 所示。

分析物质的吸收曲线会发现：

（1）同一种物质对不同波长光的吸光度不同。

（2）不同浓度的同一种物质，其吸收曲线形状相似，λ_{max} 不变。而对于不同物质，吸收曲线形状和 λ_{max} 则不同。

（3）不同浓度的同一种物质，在某一定波长下吸光度 A 有差异，在 λ_{max} 处吸光

度 A 的差异最大。此特性可作为物质定量分析的依据。

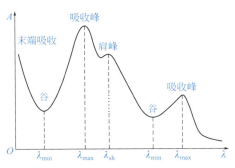

图 1-1-1　吸收光谱示意图

（4）在 λ_{max} 处吸光度随浓度变化的幅度最大，所以测定最灵敏。吸收曲线是定量分析中选择入射光波长的重要依据。

（5）吸收曲线可以提供物质的结构信息，作为物质定性分析的依据之一。

光的吸收定律与吸收系数

朗伯-比尔定律（Lambert-Beer）是吸收光谱的基本定律，是描述物质对单色光吸收的强弱与吸光物质的浓度和厚度间关系的定律。

假设一束平行单色光通过一个含有吸光物质的溶液，溶液的浓度为 c，厚度为 l，光通过后，一些光子被吸收。光强从 I_0 降至 I，如图 1-1-2 所示。

图 1-1-2　光束照射溶液示意图

Lambert-Beer 定律的数学表达式为：$-\lg \dfrac{I_t}{I_0} = Ecl$

式中，I_t/I_0 是透光率（transmittance，T），常用百分数表示，$A = -\lg T$，A 称为吸光度（absorbance），于是：$A = -\lg T = Ecl$。

该式称为 Lambert-Beer 定律。当一束平行单色光通过均匀的非散射试样时，试样对光的吸光度与试样的浓度及厚度的乘积成正比。Lambert-Beer 定律不仅适用于可见光，也适用于红外光、紫外光。其中 E 是吸收系数（absorptivity）。

吸收系数有两种表示方式：

（1）摩尔吸收系数　是指在一定波长下，溶液浓度为 1mol/L，厚度为 1cm 时的吸光度，用 ε 表示。

（2）百分吸收系数　是指在一定波长下，溶液浓度为 1g/100mL，厚度为 1cm 的吸光度，用 $E_{1cm}^{1\%}$ 表示。

吸收系数两种表示方式之间的关系式：$\varepsilon = \dfrac{M}{10} E_{1cm}^{1\%}$

式中，M 是吸光物质的摩尔质量，摩尔吸收系数一般不超过 10^5 数量级，通常 ε 在 $10^4 \sim 10^5$ 之间为强吸收，小于 10^2 为弱吸收，介于两者之间称中强吸收，吸收系数 ε 或 $E_{1cm}^{1\%}$ 不能直接测得，需用已知准确浓度的稀溶液测得吸光度换算而得。

如果溶液中同时存在两种或两种以上吸光物质（a、b、c、…）时，只要共存物质不互相影响吸光性质，即不因共存物而改变本身的吸收系数，则总吸光度是各共存物质吸光度的和，即 $A_总 = A_a + A_b + A_c + \cdots$，而各组分的吸光度由各自的浓度与吸收系数所决定。吸光度的这种加和性是分光光度法测定混合组分的依据。

测量条件的选择

（1）波长的选择　通常应选择吸光物质的最大吸收波长作为测定波长，因为吸收曲线此处较平坦，对朗伯-比尔定律的偏离较小，而且吸收系数大，测定有较高的灵敏度。被测物如有几个吸收峰，可选无其他物质干扰的、较高的吸收峰。一般不选光谱中靠短波长末端的吸收峰。

（2）溶剂　许多溶剂本身在紫外光区有吸收，所以选用的溶剂应不干扰被测组分的测定。一些溶剂的截止波长，如乙腈是 190nm，甲醇是 205nm，异丙醇是 205nm，正己烷是 190nm。选择溶剂时，组分的测定波长必须大于溶剂的截止波长。

（3）吸光度范围　一般标准溶液和供试品溶液的吸光度读数控制在 0.3～0.7，能够使测量的相对误差最小。对此，根据 Lambert-Beer 定律，利用改变试液浓度或选用不同厚度的吸收池，使吸光度读数在此范围内。

（4）参比溶液的选择

在分光光度法测定中，选用适当的参比溶液，可以消除由于吸收池壁及溶剂、试剂对入射光的反射和吸收带来的误差，并可扣除干扰的影响，提高分析的准确度。

① 溶剂参比。当样品组成较简单，共存的其他组分和显色剂对测定波长无吸收时，可用溶剂作为参比溶液，从而消除吸收池、溶液对测量结果的影响。

② 试剂参比。如果显色剂在测定波长处有吸收，则测量过程应消除显色剂对测量的影响，此时可在溶剂中加入与样品溶液中相同含量的显色剂作为参比溶液。

③ 样品参比。如果样品溶液组分较复杂，其他共存离子在测定波长下有吸收且与显色剂不发生显色反应，可按与显色反应相同的条件处理样品，以不加显色剂的溶液为参比溶液。

④ 平行操作参比。若显色剂、样品溶液中各组分均在设定波长下有吸收，则可采用显色剂与除待测组分外的其他共存组分作为参比溶液。

紫外-可见分光光度计的构造

紫外-可见分光光度计是在紫外-可见光区可任意选择不同的光来测定吸光度的仪器。商品化仪器的类型很多，质量差别悬殊，基本原理相似，基本组成为：光源→单色器→吸收池→检测器→信号处理及显示器，如图 1-1-3 所示。

（1）光源　分光光度计对光源的基本要求：能发射强度足够而且稳定的、具有连续光谱且辐射能量随波长的变化尽可能小的光。对分子吸收测定来说，通常希望能连续改变测量波长进行测定，故分光光度计要求具有连续光谱的光源。紫外区和可见光区通常分别用氢灯和钨灯两种光源。

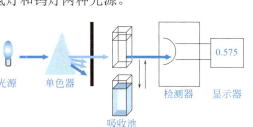

图 1-1-3　紫外 - 可见分光光度计结构示意图

① 钨灯或卤钨灯。作为可见光源，是由固体炽热发光。发射光能的波长覆盖较宽，但紫外区较弱。通常取其波长大于 350nm 的光为可见光区光源。卤钨灯的发光强度比钨灯高，灯泡内含碘和溴的低压蒸气，可延长钨丝的寿命。为了保证钨丝灯发光强度稳定，需要采用稳压电源供电。

② 氢灯或氘灯。常用作紫外光区的光源，由气体放电发光，发射 150～400nm 的连续光谱。氘灯比氢灯昂贵，但发光强度和灯的使用寿命比氢灯增加 2～3 倍。现在仪器多用氘灯。气体放电发光需先激发，同时应控制稳定的电流，所以配有专用的电源装置。

（2）单色器　紫外 - 可见分光光度计单色器的作用是将来自光源的连续光谱按波长顺序色散，变成所需波长的单色光。单色器性能的好坏直接影响测定的灵敏度、准确度、选择性及标准曲线的线性关系等。色散元件是单色器的关键元件，其作用是将复合光进行色散。常用的色散元件有棱镜和光栅。早期的仪器多用棱镜，近年多用光栅。

（3）吸收池　吸收池也称比色皿，用光学玻璃制成的吸收池，只能用于可见光区。用熔融石英（氧化硅）制成的吸收池，适用于紫外光区，也可用于可见光区。盛空白溶液的吸收池与盛试样溶液的吸收池应互相匹配，即有相同的厚度与相同的透光性。在测定吸收系数或利用吸收系数进行定量测定时，还要求吸收池有准确的厚度（光程），或用同一只吸收池。

课堂互动　为什么要注意保护吸收池的两个透光面？

（4）检测器　作为紫外 - 可见光区的辐射检测器，一般常用光电效应检测器，它是将接收到的辐射功率变成电流的转换器，如光电管和光电倍增管。最近几年来采用了光学多道检测器，在光谱分析检测器技术中，出现了重大革新。

① 光电管。光电管是由一个阳极和一个半圆筒形光敏阴极组成，阴极表面镀有一层光敏材料，当被足够能量的光照射时，发射出电子。当在两极间有电位差时，发射出的电子流向阳极而产生电流，电流大小决定于照射光的强度。光电管有很高内阻，所以产生的电流容易放大。

② 光电倍增管。其原理与光电管相似，结构上的差别是在涂有光敏金属的阴

极和阳极之间加上几个倍增极（一般为9个）。光电倍增管响应速度快，能检测$10^{-9} \sim 10^{-8}$s的脉冲光，放大倍数高，大大提高了仪器测量的灵敏度。

③ 光二极管阵列检测器。近年来光学多道检测器如光二极管阵列检测器（photodiode array detector）已经装配到紫外-可见分光光度计中。光二极管阵列是在晶体硅上紧密排列一系列光二极管，每一个二极管相当于一个单色仪的出口狭缝。两个二极管中心距离的波长单位称为采样间隔，因此二极管阵列分光光度计中，二极管数目愈多，分辨率愈高。

（5）信号处理与显示器　光电管输出的电信号很弱，需经过放大才能以某种方式将测量结果显示出来，信号处理过程也包含一些数学运算，如对数函数、浓度因素等运算乃至微分积分等处理。

显示器可由电表指示、数字显示、荧光屏显示、结果打印及曲线扫描等。显示方式一般都有透光率与吸光度，有的还可转换成浓度、吸收系数等方式来显示。

项目评价

一、选择题

1. 所谓的远紫外区，波长范围是（　　）。
   A. 200～400nm　　B. 400～760nm　　C. 1000nm　　D. 100～200nm
2. 电子能级间隔越小，电子跃迁时吸收光子的（　　）。
   A. 能量越高　　B. 波长越长　　C. 波数越大　　D. 频率越高
3. 双光束紫外-可见分光光度计可减少误差，主要是（　　）。
   A. 减少比色皿间误差　　　　　　B. 减少光源误差
   C. 减少光电管间误差　　　　　　D. 减少狭缝误差
4. 双波长与单波长分光光度计主要区别是（　　）。
   A. 光源个数　　　　　　　　　　B. 单色器个数
   C. 吸收池个数　　　　　　　　　D. 单色器及吸收池个数
5. 某物质摩尔吸光系数很大，则说明（　　）。
   A. 该物质对某波长的吸光能力很强　　B. 该物质浓度很大
   C. 光通过该物质溶液的光程长　　　　D. 测定该物质的精密度高
6. 在测定中使用参比溶液的作用是（　　）。
   A. 调节仪器透光度的零点
   B. 调节入射光的光强度
   C. 吸收入射光中测定所不需要的波数
   D. 消除溶剂和试剂等非测定物质对入射光吸收的影响
7. 在分光光度法测定中，如其他试剂对测定无干扰时，一般常选用最大吸收波长 λ_{max} 作为测定波长，是由于（　　）。
   A. 灵敏度高　　B. 选择性最好　　C. 精密度最高　　D. 操作最方便

二、填空题

1. 紫外光区波长范围_____，可见光区波长范围_____。
2. 紫外光区的光源用_____，可见光区的光源用_____。
3. 常用的色散元件_____。
4. 可见光区吸收池用_____，紫外光区吸收池用_____。
5. 分光光度计的类型_____、_____、_____。
6. UV 定量测定常用的方法有_____、_____、_____。
7. 光子能量 E 与频率 ν 成_____关系，与波长 λ 成_____关系。
8. 紫外吸收光谱曲线以_____为横坐标，以_____为纵坐标，可以描述溶液对不同波长单色光的吸收能力。
9. 紫外光谱法测定物质溶液的吸收度，使其在_____范围内为宜。

10. 溶液吸收某种波长的光，溶液呈现的颜色是_____。

三、判断题

（　　）1. 百分吸收系数是浓度 1g/mL，溶液厚度为 1cm 时的吸光度。
（　　）2. 单色光不纯不会引起朗伯-比尔定律的偏离。
（　　）3. 同种物质不同波长处吸收系数相同。
（　　）4. 不同物质在相同波长处吸收系数相同。
（　　）5. 某溶液的吸光度 A 与透光率 T 的关系式为 $A = -\lg T$。
（　　）6. 某溶液的透光率为 50%，则其吸光度为 0.50。
（　　）7. 物质对某一单色光的吸收系数越大，表明物质的吸光能力越强。
（　　）8. 选择盛放样品溶液和参比溶液的比色皿时只需考虑厚度。
（　　）9. 朗伯-比尔定律仅适用于紫外区和可见光区，利用这一原理得到了紫外-可见分光光度计。
（　　）10. 肉眼观察到的红色是单色光。

四、计算题

1. 安络血的分子量为 236，将其配成每 100mL 含 0.4962mg 的溶液，盛于 1cm 吸收池中，在 λ_{max} 355nm 处测得 A 值为 0.557，求安络血的 $E_{1cm}^{1\%}$ 及 ε 值。

2. 称取维生素 C 0.05g 溶于 100mL 的溶液中，再准确量取 2.00mL 稀释至 100mL，取此溶液于 1cm 的吸收池中，在 λ_{max} 245nm 处测得 A 值为 0.551，求样品中维生素 C 的百分含量。（$E_{1cm}^{1\%}$=560）

3. 取咖啡酸干燥品 10.00mg，用少量乙醇溶解，转移至 200mL 的容量瓶中，加水至刻度，取此溶液 5.0mL，稀释至 50mL。取此溶液于 1cm 的吸收池中，在 323nm 处测得吸光度为 0.463。已知该波长处咖啡酸的 $E_{1cm}^{1\%}$= 927.9，求咖啡酸百分含量。

4. 精密称取 0.0500g 样品，置于 250mL 的容量瓶中，加 0.02mol/L 的 HCl 溶解，稀释至刻度，准确吸取 2mL，稀释至 100mL。以 0.02mol/L HCl 为空白试剂，在 263nm 处用 1cm 的吸收池测得透光率为 41.7%，其 ε 为 12000。被测物的 M 为 100.0g/mol，计算 263nm 处的 $E_{1cm}^{1\%}$ 和样品的百分含量。

项目二
红外分光光度技术

任务1 压片法制备固体样品

工作任务

取样品 1～2mg，加入干燥的光谱纯 KBr 约 200mg，置玛瑙研钵中，在红外灯下研磨，混匀，装入压片模具，边抽气边加压，至压力约 10MPa，维持压力约 1min，卸掉压力，可得到厚约 1mm、直径 10mm 左右的透明 KBr 样品片。

任务目标

（1）素养 具备标准意识、规范意识、实事求是、精益求精的工匠精神。
（2）知识 掌握红外光谱法的基本原理及影响因素。
（3）技能 能够熟练进行压片法制备固体样品。

任务实施

1. 分析任务，设计流程

打开红外灯预热→干燥的 KBr 置玛瑙研钵中→在红外灯下研磨→混匀→装入压片模具→进行压片→卸下模具。

2. 任务准备

样品、红外灯、光谱纯 KBr、玛瑙研钵及研磨锤、压片模具、压片机、手套等。

3. 操作要点

（1）打开红外灯，预热 10min；
（2）取样品 1～2mg，加入干燥的光谱纯 KBr 约 200mg，置于玛瑙研钵中；
（3）在红外灯下研磨，混匀，装入压片模具；
（4）放在压片机下，至压力约 10MPa，维持压力约 1min，卸掉压力；
（5）取下样品片，清理实验台，填写仪器使用记录。

4. 实验结果

得到_____KBr 空白片。

必备知识

（1）测红外吸收光谱的试样必须是纯物质，若有杂质须进行分离提纯，使纯度大于 98%，一般应不含水。

（2）固体样品制备常用薄膜法、糊剂法及压片法。这三种制备方法各有优缺点，实验室采用较多的还是压片法。尤其对于不溶于有机溶剂的固体物质，采取压片法较合适。

（3）KBr 为最常用的固体分散介质，要求 KBr 为光谱纯、粒度约 200 目，并为干燥品，无光谱纯 KBr 时，可用 GR 或 AR 级品重结晶，未精制前，若无明显吸收，也可直接使用。若测定试样为盐酸盐时，应用 KCl 压片。

总结提高

（1）供试品研磨应适度，通常以粒度 $2 \sim 5\mu m$ 为宜。供试品过度研磨有时会导致晶格结构的破坏或晶型的转化。粒度不够细则易引起光散射能量损失，使整个光谱基线倾斜，甚至严重变形。

（2）必须正确使用压片模具，注意保护玛瑙研钵以防破损。操作结束后，应清洁压片模具以及玛瑙研钵，以免影响其使用寿命。

巩固练习

自主进行空白 KBr 片的制备,根据评价表完成自我评定,上传学习平台。

 任务评价

压片法制备样品任务评价表

班级:_____ 姓名:_____ 学号:_____

序号	任务要求	配分 / 分	得分 / 分
1	制定工作方案	5	
2	准备仪器、试剂等	10	
3	红外灯下干燥样品和 KBr	10	
4	取样品和 KBr 适量,研磨	20	
5	安装模具	10	
6	正确压片	10	
7	样品片	15	
8	结束后清场	10	
9	态度认真、操作规范有序	10	
	总分	100	

操作指南
压片操作说明

工作报告

班级：　　　　　　姓名：　　　　　　学号：　　　　　　成绩：

工作任务	
任务目标	
任务准备	
任务实施	
注意事项	
学习反思	

任务2　图谱比较法鉴别甲硝唑

工作任务

取样品1～2mg，加入干燥KBr约200mg，置于玛瑙研钵中，在红外灯下研磨，混匀，装入压片模具，加压至压力约10MPa，维持压力1min，卸掉压力，可得到厚约1mm、直径10mm左右的样品片；本品的光谱图应与对照品的光谱图保持一致。

任务目标

（1）素养　具备标准意识、规范意识、实事求是、精益求精的工匠精神。
（2）知识　掌握红外鉴别的原理以及鉴别方法。
（3）技能　掌握样品的制备，能够熟练地操作红外分光光度计；能熟练进行光谱法鉴别操作，正确记录并判断结果。

任务实施

1. 分析任务，设计流程

开机、仪器预热→打开红外灯预热→干燥的KBr（与样品或对照品）置于玛瑙研钵→在红外灯下研磨→混匀→装入压片模具→进行压片→卸下模具→光谱扫描→谱图对比。

2. 任务准备

红外分光光度计、甲硝唑对照品、甲硝唑、红外灯、光谱纯KBr、玛瑙研钵及研磨锤、压片模具、压片机、手套等。

3. 操作要点

（1）打开仪器，预热20min（详见红外分光光度计使用说明书），打开红外灯进行预热；
（2）取干燥的光谱纯KBr制成空白片；
（3）取干燥的光谱纯KBr以及甲硝唑对照品制成对照品片；
（4）取干燥的光谱纯KBr与甲硝唑制成样品片；
（5）打开仪器操作平台EZ OMNIC软件，检测仪器稳定性，设置参数；
（6）将已压好的KBr空白片与对照品片或样品片依次分别放入样品室内，盖好盖子；
（7）设置参数、绘制红外谱图以及谱图检索；
（8）关机，清理实验台，填写仪器使用记录。

4. 实验结果

附图：

5. 结果判断

样品的红外谱图与甲硝唑对照品的红外谱图的一致性：_____。

结论：□符合规定　□不符合规定

必备知识

用供试品与其对照品在相同条件下测定红外光谱，直接对比是否一致，光谱完全一致的可初步断定为同一化合物（也有例外，如对映异构体）。此法可以消除不同仪器和测定条件造成的误差，但必须找到相应对照品。

总结提高

（1）必须正确使用压片模具，注意保护玛瑙研钵以防破损。

（2）操作结束后，应清洁压片模具以及玛瑙研钵，以免影响其使用寿命。

（3）红外实验室应控制在 15～30℃，相对湿度应小于 65%，仪器要保持干燥、清洁，每次使用完毕应盖上防尘罩。

巩固练习

自主练习维生素 C 的鉴别，根据评价表完成自我评定，上传学习平台。

 ## 任务评价

图谱比较法鉴别任务评价表

班级：_____ 姓名：_____ 学号：_____

序号	任务要求	配分/分	得分/分
1	制定工作方案	5	
2	准备仪器、药品	10	
3	正确压片	10	
4	参数设置	10	
5	绘制红外图谱	10	
6	谱图检索	20	
7	正确判断结果	15	
8	结束后清场	10	
9	态度认真、操作规范有序	10	
	总分	100	

操作指南
红外分光光度计
的使用

工作报告

班级：　　　　　姓名：　　　　　学号：　　　　　成绩：

工作任务	
任务目标	
任务准备	
任务实施	
注意事项	
学习反思	

任务3 标准对照法鉴别维生素C

工作任务

取样品 1~2mg,加入干燥 KBr 约 200mg,置于玛瑙研钵中,在红外灯下研磨,混匀,装入压片模具,加压至压力约 10MPa,维持压力约 1min,卸掉压力,可得到厚约 1mm、直径 10mm 左右的透明 KBr 样品片。本品的红外光吸收谱图应与对照的谱图(光谱集 450 图)一致。

任务目标

(1)素养 具备标准意识、规范意识、实事求是、精益求精的工匠精神。
(2)知识 掌握红外鉴别的原理以及鉴别方法。
(3)技能 掌握样品的制备,能够熟练地操作红外分光光度计;能熟练进行光谱法鉴别操作,正确记录并判断结果。

任务实施

1. 分析任务,设计流程

开机、仪器预热→打开红外灯预热→干燥的 KBr(与样品)置玛瑙研钵中→在红外灯下研磨→混匀→装入压片模具→进行压片→卸下模具。

2. 任务准备

红外分光光度计、维生素 C、红外灯、光谱纯 KBr、玛瑙研钵及研磨锤、压片模具、压片机、手套等。

3. 操作要点

(1)打开仪器,预热 20min(详见红外分光光度计使用说明书),打开红外灯进行预热;
(2)取干燥的光谱纯 KBr 以及维生素 C 分别制成空白片与样品片;
(3)打开仪器操作平台 EZ OMNIC 软件,检查仪器稳定性;
(4)将已压好的 KBr 空白片及样品片分别放入样品室内,盖好盖子;
(5)设置参数、绘制红外谱图以及谱图检索;
(6)关机,清理实验台,填写仪器使用记录。

4. 实验结果

附图:

5. 结果判断

样品的红外谱图与谱图库中抗坏血酸谱图的相似度是：_____。

结论：□符合规定　　□不符合规定

必备知识

在与标准图谱相同的测定条件下测定供试品的红外光谱，再与标准图谱对比是否一致，如完全一致，可初步断定为同一化合物。常见标准图谱有：萨特勒标准红外光谱、API 红外光谱图、DMS 光谱卡片和各国药典药品红外图谱集等。此法不需要对照品，但不同仪器和测定条件的差异难以消除。

总结提高

（1）必须正确使用压片模具，注意保护玛瑙研钵以防破损。

（2）操作结束后，应清洁压片模具以及玛瑙研钵，以免影响其使用寿命。

（3）仪器要保持干燥、清洁，每次使用完毕应盖上防尘罩。

巩固练习

自主练习标准对照法鉴别甲硝唑,根据评价表完成自我评定,上传学习平台。

 ## 任务评价

标准对照法鉴别任务评价表

班级:_____ 姓名:_____ 学号:_____

序号	任务要求	配分/分	得分/分
1	制定工作方案	5	
2	准备仪器、药品	10	
3	正确压片	10	
4	参数设置	10	
5	绘制红外图谱	10	
6	谱图检索	20	
7	正确判断结果	15	
8	结束后清场	10	
9	态度认真、操作规范有序	10	
	总分	100	

工作报告

班级：　　　　　　姓名：　　　　　　学号：　　　　　　成绩：

工作任务	
任务目标	
任务准备	
任务实施	
注意事项	
学习反思	

学习资源

红外吸收光谱

红外吸收光谱是指物质的分子吸收了红外辐射后,引起分子振动能级、转动能级的跃迁而形成的光谱,也称振-转光谱。红外辐射(或红外光线)是指波长长于可见光而短于微波的电磁波(0.75～1000μm)。

常见红外光谱仪的测定波长范围为2.5～25μm(其波数范围为4000～400cm^{-1}),故将吸收光谱称为中红外吸收光谱(mid-IR),简称红外吸收光谱或红外光谱(IR)。根据红外吸收光谱进行定性、定量分析和确定分子结构的方法,称为红外吸收光谱法。

红外吸收光谱图的描述,常用百分透光率(T%)为纵坐标,以波数(σ,单位cm^{-1})或波长(λ,单位μm)为横坐标绘制的曲线,即T-σ曲线或T-λ曲线,如图1-2-1。

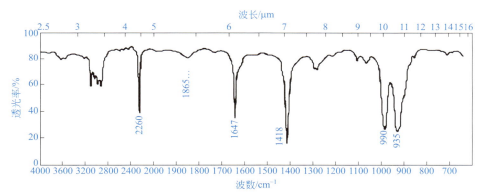

图1-2-1 CH$_2$=CH—CH$_2$—CN 的红外光谱图

波数(σ)为波长(λ)的倒数,表示单位长度(cm)中所含的光波数目。波数的单位为cm^{-1},波长的单位为微米(μm),波数和波长可按下式换算:

$$\sigma(\text{cm}^{-1}) = 10^4/\lambda(\mu m)$$

红外吸收光谱应用

红外吸收光谱法可用于分子结构的基础研究(测定分子键长、键角,推断分子的立体构型等)、化学组成的分析(化合物的定性与定量分析),但应用最广泛的还是有机化合物的结构鉴定,可根据红外吸收光谱的峰位置、峰强度、峰数目及峰形来判断化合物的类别,推测某种基团的存在,进而推断未知化合物的化学结构。

产生红外吸收的两个必要条件

红外光谱是由于试样分子吸收红外辐射引起分子振动能级跃迁而产生的。分子吸收红外辐射必须满足两个必要条件:

① 红外光辐射的能量应恰好等于振动能级跃迁所需的能量,也就是红外光辐射

的频率与分子中某基团的振动频率相等或者是其振动频率的倍数时，红外光才能被吸收，产生红外光谱。

② 在振动过程中，分子必须有偶极矩的变化。

分子偶极矩是分子中正、负电荷的大小与正、负电荷中心的距离的乘积。极性分子就整体来说是电中性的，但由于构成分子的各原子电负性有差异，分子中原子在平衡位置不断振动，在振动过程中，正、负电荷的大小和正、负电荷中心的距离呈周期性变化，因而分子的偶极矩呈周期性变化。只有当红外光频率与分子偶极矩变化频率一致时，分子才与红外光相互作用（振动耦合）而增加振动能，使振幅增大，产生红外吸收，分子由原来的基态振动跃迁到较高的能级上振动。

因此并不是所有的分子振动都能引起对红外辐射的吸收，只有能引起偶极矩变化的振动才能吸收能量相当的红外辐射，在红外吸收光谱上才能观测到吸收峰。故把能引起偶极矩变化的振动称为红外活性振动。反之，把不能引起偶极矩变化的振动称为红外非活性振动。

分子的振动形式

红外吸收光谱中的吸收峰是由分子不同的振动发生能级的跃迁产生的。双原子分子仅有一种振动形式，多原子分子的振动形式虽较多，但基本上包括两大类，即伸缩振动和弯曲振动。

1. 伸缩振动

伸缩振动是化学键沿着键轴方向作规律性的伸与缩的运动，即键长有变化，键角无变化。又分为：对称伸缩振动，表示符号为 ν_s 或 ν^s；不对称伸缩振动，表示符号为 ν_{as} 或 ν^{as}。

两个化学键同时伸长或缩短，称为对称伸缩振动；两个化学键交替伸长或缩短，称为不对称伸缩振动。

2. 弯曲振动

弯曲振动是键角发生规律性变化的振动。其振动形式可分为：

（1）面内弯曲振动，表示符号为 β。是在由几个原子所构成的平面内进行的振动。又分为：剪式振动，表示符号为 δ；面内摇摆振动，表示符号为 ρ。

（2）面外弯曲振动，表示符号为 γ。是在垂直于由几个原子所构成的平面方向上进行的弯曲振动。又分为：面外摇摆振动，表示符号为 ω；蜷曲振动，表示符号为 τ。

（3）变形振动，表示符号为 δ。是多个化学键端的原子相对于分子的其余部分的弯曲振动，有键角变化。又分为：对称变形振动，表示符号为 δ^s 或 δ_s；不对称变形振动，表示符号为 δ^{as} 或 δ_{as}。

峰位与振动频率

红外吸收光谱上吸收峰的位置即峰位，决定于分子或基团振动的频率。振动频率可由虎克（Hooke）定律推出的简谐振动公式计算：

$$\sigma = 1302\sqrt{\frac{K}{\mu}}$$

式中，K 为化学键力常数，单位是牛顿/米（N/cm），表示化学键两端的原子由平衡位置伸长单位长度时的恢复力。单键、双键、三键的化学键力常数分别近似为 5N/cm、10N/cm、15N/cm。

μ 为折合原子量，$\mu = \dfrac{m_1 m_2}{m_1 + m_2}$，$m_1$、$m_2$ 分别为化学键两端原子的原子量。

由此可以得出：

① 折合原子量相同的基团，伸缩力常数越大，伸缩振动的频率越高。由于 $K_{C\equiv C} > K_{C=C} > K_{C-C}$，故红外振动波数：$\sigma_{C\equiv C} > \sigma_{C=C} > \sigma_{C-C}$。

② 与碳原子成键的其他原子随着原子量的增加，μ 增加，相应的红外振动波数减小：$\sigma_{C-H} > \sigma_{C-C} > \sigma_{C-O} > \sigma_{C-Cl} > \sigma_{C-Br} > \sigma_{C-I}$。

③ 与氢原子相连的化学键的红外振动波数，由于 μ 小，它们均出现在高波数区：$\sigma_{C-H} 2900 cm^{-1}$、$\sigma_{O-H} 3600 \sim 3200 cm^{-1}$、$\sigma_{N-H} 3500 \sim 3300 cm^{-1}$。

④ 弯曲振动比伸缩振动容易，说明弯曲振动的化学键力常数小于伸缩振动的化学键力常数，故弯曲振动在红外光谱的低波数区，如 $\delta_{C-H} 1340 cm^{-1}$，$\gamma_{=CH} 1000 \sim 650 cm^{-1}$，伸缩振动在红外光谱的高波数区，如 $\nu_{C-H} 3000 cm^{-1}$。一般 $\nu > \beta > \gamma$。

峰数与振动自由度

红外吸收光谱上吸收峰的峰数主要决定于分子基本振动的数目，即分子的振动自由度。

红外辐射能量较低，不足以引起分子中电子能级的跃迁。在红外光谱中，通常只考虑三种运动形式，即平动（平移）、振动和转动的能级跃迁。分子平动能量变化不产生光谱，转动能级跃迁产生远红外光谱，此处不讨论，只有振动能级跃迁，才能产生中红外光谱。

对于含有 N 个原子的分子中，分子自由度的总数为 $3N$ 个，分子的总的自由度包括平动、转动和振动自由度，因此分子的总的自由度 $3N$ = 平动自由度 + 转动自由度 + 振动自由度。非线性分子的振动自由度 $=3N-3-3=3N-6$，线性分子的振动自由度 $=3N-3-2=3N-5$。例如，水分子为非线性分子，振动自由度 $=3\times3-6=3$，有三种振动形式，每种振动形式产生一个吸收峰，在红外吸收光谱上有三个吸收峰。

理论上讲，每个振动在红外光谱上将产生一个吸收峰。但是实际上，峰数往往少于基本振动的数目，其原因是：

① 当振动过程中分子不发生瞬间偶极矩变化时，不引起红外吸收。
② 频率完全相同的振动彼此发生简并。
③ 弱的吸收峰位于强、宽吸收峰附近时被交盖。
④ 吸收峰太弱，以致无法测定。

例如：CO_2 分子为线性分子，振动自由度 $=3\times3-5=4$，有四种振动形式。它在红外吸收光谱上理应出现 ν_s 1340cm^{-1}、ν_{as} 2350cm^{-1}、β 666cm^{-1}、γ 666cm^{-1} 四个吸收峰。但实际观测到 CO_2 的红外吸收光谱上只有 2350cm^{-1} 和 666cm^{-1} 两个峰。出现基本振动吸收峰少于振动自由度的原因是：

首先，虽然 β 与 γ 的振动形式不同，但振动频率相同，吸收红外辐射的频率相同。所以只能观测到一个吸收峰。这种现象称为谱带简并。谱带简并是基本振动吸收峰少于振动自由度的首要原因。

其次，ν_s 1340cm^{-1} 为对称伸缩振动峰，虽确有此振动，但红外吸收光谱上却无此峰。这是由于 CO_2 是线性分子，虽然两个键的偶极矩都不等于零，但分子的偶极矩是键偶极矩的矢量和，当 CO_2 分子处于振动平衡位置时，偶极矩 $\mu=0$。在对称伸缩振动过程中，正、负电荷中心仍然重合，$r=0$，$\mu=0$，偶极矩没有变化，$\Delta\mu=0$。但在不对称伸缩振动过程中，其中一个键伸长，另一个键缩短，使正、负电荷中心不重合，$r\neq0$，$\mu\neq0$，故 $\Delta\mu\neq0$。因此，CO_2 的不对称伸缩振动在 2350cm^{-1} 处出峰。

吸收峰的强度

分子振动时偶极矩变化不仅决定了该分子能否吸收红外辐射，还决定了吸收谱带的强弱。分子振动时偶极矩变化越大，吸收谱带则越强。分子振动时偶极矩变化大小取决于分子或化学键的极性和分子结构的对称性。一般极性越大的分子、基团、化学键，分子振动时偶极矩变化越大，吸收谱带越强；分子结构对称性越高，振动中分子偶极矩变化越小，谱带强度越弱。

吸收谱带的强弱还与振动形式有关。因为振动形式不同，分子的电荷分布不同，偶极矩的变化不同，所以吸收峰的强度也不同。一般 $\nu_{as} > \nu_s$，$\nu > \beta > \gamma$。

红外光谱吸收峰强度可用摩尔吸收系数 ε 表示。通常 $\varepsilon > 100$ 时，为很强吸收，用 vs 表示；$\varepsilon = 20 \sim 100$ 时，为强吸收，用 s 表示；$\varepsilon = 10 \sim 20$ 时，为中强吸收，用 m 表示；$\varepsilon = 1 \sim 10$，为弱吸收，用 w 表示；$\varepsilon < 1$ 时，为很弱吸收，用 vw 表示。

基团频率与特征吸收峰

具有相同官能团（或化学键）的一系列化合物有近似相同的吸收频率，此频率称为基团频率。这证明了官能团的存在与图谱上的吸收峰的出现是一一对应的，因此，可用一些易于辨认、具有代表性的吸收峰来确定官能团的存在。

凡是可用于鉴定官能团存在的吸收峰，称为特征峰。例如：在 $1870 \sim 1540$cm^{-1} 区间出现的强大的吸收峰，一般就是羰基伸缩振动（$\nu_{C=O}$）峰，由于它的存在，可以鉴定化合物的结构中存在羰基，我们把 $\nu_{C=O}$ 峰称为特征峰。

在红外图谱中，由于某官能团的存在而出现的一组相互具有依存关系的吸收峰称为相关峰。在多原子分子中，一个官能团可能有数种振动形式，而每一种红外活性振动，一般均能相应产生一个吸收峰，有时还能观测到各种泛频峰。因而常常一个官能团的存在会产生一组相关峰。

在红外光谱解析中，仅靠特征峰不足以证明某官能团的存在，用一组相关峰来确定某官能团的存在,是解析的重要原则。例如:—OH(3200～3700cm^{-1})和—NH(3300～3500cm^{-1})在3200～3700cm^{-1}都有特征峰,因此不足以确定官能团归属,但两者的相关峰,面内弯曲振动频率不同,—OH(1260～1410cm^{-1}),—NH(1650～1590 cm^{-1})。

红外光谱的分区

按照官能团所对应的吸收峰,在红外光谱上习惯把4000～1250cm^{-1}区域命名为特征区,1250～400cm^{-1}区域命名为指纹区。

1. 特征区

在4000～1250cm^{-1}区域内,每一个吸收峰都和一定的官能团相对应,而且一些官能团的特征吸收,多发生在这个区域内。该区域的吸收峰比较稀疏,容易辨认,故把该区域称为特征区。特征区内一般含有各种含氢单键的伸缩振动峰,各种三键、双键的伸缩振动峰,以及部分含氢单键的面内弯曲振动峰,常用于鉴别官能团的存在,也称为官能团区。

特征区在光谱解析中的作用是:通过在该区域查找特征峰存在与否,来确定是否有官能团的存在,以确定化合物的类型。

2. 指纹区

在1250～400cm^{-1}区域内,除了单键的伸缩振动外,还有许多变形振动产生的谱带,谱带比较密集,多而复杂,但体现化合物的光谱特征很强,分子结构有细微的不同,吸收就不同,就像人的指纹一样,因此称为指纹区。

指纹区在光谱解析中的作用是:首先查找相关峰,以进一步确定官能团的存在;其次,依据这些大量密集多变的吸收峰的整体状态,可反映有机化合物分子的具体特征的相关性,用来与标准图谱或对照品图谱进行比较。

3. 红外光谱的重要区段

通常,可将红外光谱划分为9个重要区段,如表1-2-1所示。根据红外光谱特征,可推测化合物可能含有什么官能团。

表 1-2-1　红外光谱的重要区段

波数 /cm^{-1}	波长 /μm	振动类型	基团或化合物
3700～3000	2.7～3.3	ν_{O-H}, ν_{N-H}	伯胺和仲胺、醇、酰胺、有机酸和酚
3300～3000	3.0～3.4	$\nu_{\equiv C-H}$, $\nu_{=C-H}$	炔、烯、芳香族化合物
3000～2700	3.3～3.7	ν_{C-H}	甲基、亚甲基、次甲基、醛
2400～2100	4.2～4.9	$\nu_{C\equiv C}$, $\nu_{C\equiv N}$	炔、丙二烯、腈、叠氮化物、硫氰酸盐(酯)
1900～1650	5.3～6.1	$\nu_{C=O}$	酯、酮、酰胺、羧酸及其盐、醛、酸酐、酰氯
1675～1500	5.9～6.2	$\nu_{C=C}$, $\nu_{C=N}$, ν_{-NO_2}, δ_{N-H}	芳环、烯、胺、硝基化合物
1475～1300	6.8～7.7	δ_{-C-H}, δ_{O-H}	甲基、亚甲基、羟基
1300～1000	7.7～10.0	ν_{C-O}	醇、酚、醚、酯
1000～650	10.0～15.4	$\gamma_{=C-H}$	烯、芳香族(决定取代类型)

傅立叶变换红外光谱仪（FT-IR）

用迈克逊（Michelson）干涉仪代替光栅单色器。如图 1-2-2 所示，由光源发射出红外光经准直系统变为一束平行光束后进入干涉仪系统，经干涉仪调制得到一束干涉光，干涉光通过样品后成为带有光谱信息的干涉光到达检测器，检测器将干涉光信号变为电信号，但这种带有光谱信息的干涉信号难以进行光谱解析。将它通过模/数转换器送入计算机，由计算机进行傅立叶变换的快速计算，将这一干涉信号所带有的光谱信息转换成以波数为横坐标的红外光谱图，然后再通过数/模转换器送入绘图仪，便得到红外光谱图，工作原理如图 1-2-2 所示。

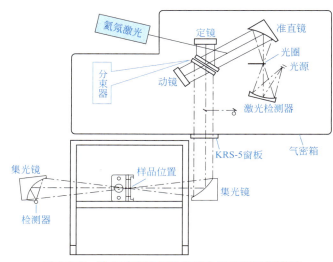

图 1-2-2　傅立叶变换红外光谱仪工作原理示意图

FT-IR 特点：①扫描速度极快（1s）；适合仪器联用；②不需要分光，信号强，灵敏度很高。

（1）光源　光源的作用是产生高强度、连续的红外光。凡是发射红外线的照射能量能按照连续波长分布、发散度小、寿命长的物体均可作为红外光源。目前中红外区较为常用的有硅碳棒和能斯特灯（Nernst 灯）。

（2）吸收池　红外分光光度计所使用的吸收池有气体池和液体池，由于中红外光不能透过玻璃和石英，气体池和液体池均需用在中红外区透光性能好的岩盐作吸收池的窗片。其中 KBr 和 NaCl 晶体，很容易潮解，在不使用时应在保干器中存放。

（3）色散元件　傅立叶变换红外光谱仪用迈克逊（Michelson）干涉仪代替光栅单色器。

（4）检测器　由于 FT-IR 具有极快的扫描速度，目前多采用热电型检测器如硫酸三甘肽（TGS）检测器和光电导型检测器如碲镉汞（MCT）检测器。

（5）记录系统　由记录仪自动记录图谱。

项目评价

一、选择题

1. 红外光谱是（　　）。
   A. 发射光谱　　B. 原子光谱　　C. 吸收光谱
   D. 电子光谱　　E. 振转光谱　　F. 分子光谱

2. 使基团振动频率向高波数位移的因素是（　　）。
   A. 吸电子诱导效应　　　　　　B. 共轭效应
   C. 氢键　　　　　　　　　　　D. 溶剂极性增大

3. 某一化合物在紫外光204nm处有一弱吸收带，在红外光谱的官能团区$3300\sim2500cm^{-1}$有较宽的吸收谱带，在$1725\sim1705cm^{-1}$有强的吸收峰。该化合物可能是（　　）。
   A. 醛　　　　B. 酮　　　　C. 羧酸　　　　D. 酯

4. 在醇类化合物的红外光谱中，O—H伸缩振动频率随溶液浓度的增加，向低波数方向位移的原因是（　　）。
   A. 诱导效应随之变大　　　　　B. 形成氢键随之增强
   C. 溶液极性变大　　　　　　　D. 易产生振动耦合

5. 乙炔分子的振动自由度为（　　）。
   A. 5　　　　B. 8　　　　C. 7　　　　D. 6

二、简答题

1. 红外吸收光谱与紫外-可见吸收光谱在谱图的描述、原理与应用上有什么不同？
2. 红外光谱仪与紫外-可见分光光度计在主要部件上有何不同？
3. 何为红外非活性振动、红外活性振动？
4. 分子吸收红外辐射而发生能级跃迁的必要条件是什么？
5. 特征区与指纹区是如何划分的？在光谱解析中有何作用？
6. 碳-碳单键、双键、三键的伸缩振动吸收波长分别为7.0μm、6.0μm和4.0μm，排列三种类型碳-碳键的化学键力常数的大小顺序。
7. CO_2分子有4种振动形式，但实际只在$667cm^{-1}$和$2349cm^{-1}$处出现吸收峰，为什么？

三、计算题

1. C—H键力常数$K=5.1N/cm$，计算其振动频率。
2. 计算分子式C_6H_5Cl的不饱和度。

项目三 原子吸收分光光度技术

任务1 标准加入法测定养殖用水中铜离子含量

工作任务

【GB/T 7475】规定国家淡水养殖用水中铜元素含量不得超过0.05mg/L。采用火焰原子化法,照原子吸收分光光度法中标准加入法测定养殖用水中铜离子含量。

任务目标

(1) 素养　具备标准意识、规范意识、实事求是、工匠精神。
(2) 知识　掌握火焰原子化法基本原理;掌握仪器构造和工作原理。
(3) 技能　能熟练操作原子吸收分光光度计;能熟练运用标准加入法进行含量测定,正确记录并判断结果。

任务实施

1. 分析任务,设计流程

溶液的配制→开机、仪器初始化→选择工作灯及预热灯→设置实验条件→设置测量界面→开空气和乙炔气,点火→空白溶液"校零";标准系列溶液和样品溶液吸光度测定→测量完成显示标准曲线;显示样品浓度→打印或保存测量数据→吸喷蒸馏水5min,清洗燃烧器→关闭乙炔钢瓶,火焰熄灭后关空气压缩机→退出工作软件,关闭主机电源,关闭电脑→填写仪器使用记录。

2. 任务准备

原子吸收分光光度计、铜空心阴极灯、乙炔钢瓶、空气压缩机、含铜水试样、分析天平、金属铜、50%硝酸、2%硝酸、电炉、水浴锅、100mL烧杯、1000mL容量瓶、250mL容量瓶、50mL容量瓶、25.00mL移液管、1.00mL移液管、2.00mL移液管、微量移液器等。

3. 操作要点

(1) 1.000mg/mL铜标准贮备液的配制:称取1.0000g金属铜,置于100mL烧杯中,加入50%硝酸20mL,加热溶解。蒸至近干,冷却后加50%硝酸5mL,加蒸馏水煮沸，溶解铜盐，冷却后转入 1000mL 容量瓶中，定容，摇匀。

（2）100μg/mL 铜标准工作液的配制：吸取 25.00mL 上述铜标准贮备液，用 2% 硝酸定容至 250mL。

（3）标准加入系列溶液的配制：

项目	编号			
	1	2	3	4
加入水样体积 V/mL	25.00	25.00	25.00	25.00
加入 100μg/mL 铜标液的体积 /mL	0.00	0.50	1.00	2.00
用 0.2% 硝酸定容体积 /mL	50.00	50.00	50.00	50.00
铜标液的浓度 /（μg/mL）	0.00	1.00	2.00	4.00

（4）接通电源，打开电脑；安装铜空心阴极灯，开主机；打开操作软件进行初始化；燃烧器对光。

（5）设置实验条件：

分析线：324.7nm；光谱带宽：0.4nm；空心阴极灯电流：3mA；乙炔流量：2000mL/min；燃烧器高度：12mm。

（6）仪器条件设置完成后进入测量界面，校正方法输入：标准加入法；浓度单位：μg/mL；标样名称：铜标样；输入标准样品个数：1、2、3、4；输入标准加入浓度：0.00、1.00、2.00、4.00。

（7）打开排风；检查排水安全联锁装置；开空气压缩机，调节出口压力为 0.25MPa；开乙炔钢瓶调节出口压力为 0.06MPa；点燃火焰。

（8）条件设置完成后点击"测量"；吸入空白溶液"校零"；吸入标准系列溶液测定吸光度；测量完成显示标准曲线；显示样品浓度；打印或保存测量数据。

（9）测定完毕后吸喷蒸馏水 5 分钟，清洗燃烧器；关闭乙炔钢瓶；火焰熄灭后关空气压缩机；关排风；退出工作软件；关闭主机电源；关闭电脑；填写仪器使用记录。

4. 实验结果

将加入铜标准溶液体积换算成溶液浓度增量填入下表，将测量的吸光度值也填入下表。

项目	容量瓶编号			
	1	2	3	4
加入试样体积 V_1/mL	25.00	25.00	25.00	25.00
100μg/mL 铜标液的体积 /mL	0.00	0.50	1.00	2.00
定容体积 /mL	50.00	50.00	50.00	50.00
铜溶液的增加量 /（μg/mL）				
吸光度 A				

绘制标准加入工作曲线，将其延长与浓度轴相交，记录交点的浓度。

附图：

水试样中铜含量 $c_{Cu} = c_x \dfrac{V_0}{V_1}$

式中，c_{Cu} 是水样中铜含量，μg/mL；c_x 是标准加入曲线与浓度轴交点，μg/mL；V_0 是样品溶液定容体积，50mL；V_1 是取样量，25mL。

5. 结果判断

利用标准加入法求出养殖用水中铜离子含量，并与标准规定进行比较，判断铜的含量是否符合规定。

结论：□符合规定　□不符合规定

必备知识

在两个相同大小的容量瓶中，分别注入等量的待测溶液，然后，在其中一个瓶中再加入一定量的标准溶液，将此两种溶液稀释到刻度，分别测吸光度，带入公式 $c_x = \dfrac{A_x}{A_s - A_x} c_s$，求得样品的浓度。

总结提高

（1）标准加入法可以消除基体效应的干扰，当很难配制与样品溶液相似的标准溶液，或样品基体成分很高，而且变化不定或样品中含有固体物质而对吸收的影响难以保持一定时，采用标准加入法是非常有效的。

（2）点火前先通助燃气，再通燃气，熄火时先关燃气，后关助燃气。

巩固练习

自主练习标准加入法进行养殖用水中铜离子含量的测定,根据评价表完成自我评定,上传学习平台。

 任务评价

标准加入法任务评价表

班级：_____ 姓名：_____ 学号：_____

序号	任务要求	配分/分	得分/分
1	溶液配制	15	
2	开机操作	10	
3	参数设定	10	
4	点火过程	10	
5	测定过程	15	
6	处理结果	10	
7	关机操作	10	
8	职业素质	10	
9	记录与报告	10	
	总分	100	

操作指南
TAS-990型原子吸收分光光度计的使用（火焰法）

工作报告

班级:　　　　姓名:　　　　学号:　　　　成绩:

工作任务	
任务目标	
任务准备	
任务实施	
注意事项	
学习反思	

任务2　标准曲线法测定高锰酸钾消毒液的含量

工作任务

采用火焰原子化法，照原子吸收分光光度法中标准曲线法测定消毒液中高锰酸钾含量。

任务目标

（1）素养　具备标准意识、规范意识、实事求是、精益求精的工匠精神。

（2）知识　掌握原子吸收分光光度法-火焰原子化法的基本原理；掌握仪器的构造和工作原理。

（3）技能　能熟练操作原子吸收分光光度计；能熟练运用标准曲线法进行含量测定，正确记录并判断结果。

任务实施

1. 分析任务，设计流程

溶液的配制→开机、仪器初始化→选择工作灯及预热灯→设置实验条件→设置测量界面→开空气和乙炔气，点火→吸入空白溶液"校零"；吸入标准系列溶液、样品溶液测定吸光度→测量完成显示标准曲线；显示样品浓度→打印或保存测量数据→吸喷蒸馏水5min，清洗燃烧器→关闭乙炔钢瓶，火焰熄灭后关空气压缩机→退出工作软件，关闭主机电源，关闭电脑→填写仪器使用记录。

2. 任务准备

原子吸收分光光度计、乙炔钢瓶、空气压缩机、分析天平、高锰酸钾对照品、高锰酸钾样品溶液、1000mL容量瓶、25mL容量瓶、100mL烧杯、1.00mL移液管、2.00mL移液管、5.00mL移液管等。

3. 操作要点

（1）配制标准溶液（125mg/L）　精密称取高锰酸钾对照品0.1250g置于100mL烧杯中，溶解后，定量转移至1000mL容量瓶中，用纯化水稀释至标线，摇匀，即为高锰酸钾标准溶液（125mg/L）。

（2）配制标准系列溶液　分别精密量取1.00mL、2.00mL、3.00mL、4.00mL和5.00mL高锰酸钾标准溶液（125mg/L），置于25mL容量瓶中，纯化水稀释至标线，摇匀。标准系列中各标准溶液的浓度依次为5.0mg/L、10.0mg/L、15.0mg/L、20.0mg/L和25.0mg/L。

（3）配制样品溶液　精密量取消毒液样品溶液 5.0mL，置于 25mL 容量瓶中，纯化水稀释至标线，摇匀，即为高锰酸钾供试品溶液。

（4）打开仪器（具体使用步骤详见操作指南：TAS-990 型原子吸收分光光度计的使用）。

4. 实验结果

（1）标准曲线的绘制　记录每次测得的吸光度值，由标准溶液的浓度及对应的吸光度值绘制标准曲线。

附图：

（2）供试品溶液中高锰酸钾含量的测定　在与绘制标准曲线相同的测定条件下，测定高锰酸钾供试品溶液吸光度值（A）。从标准曲线中查 A 值所对应的供试品溶液中高锰酸钾的浓度 $c_{样}$，计算求得供试品溶液中高锰酸钾的含量。

必备知识

标准曲线法是原子吸收分析中的常规分析方法。在仪器推荐的浓度范围内,制备含待测元素的标准溶液至少 3 份,在测定的实验条件下,由低浓度到高浓度,分别测定其吸光度 A。将每一浓度 3 次吸光度读数的平均值为纵坐标,相应的浓度为横坐标,绘制标准曲线。然后,在相同的条件下测定供试品溶液的吸光度,从工作曲线上找出对应的溶液浓度值。

值得注意的是:如果标准溶液与待测溶液的组成不同,将会引起较大的测量误差,所以必须保证两者的组成基本一致。

总结提高

(1)若用到乙炔、氢气、笑气(N_2O),必须检查气路,保证无泄漏。实验室内必须保持通风,避免明火。若发现泄漏,应立即关闭气阀,进行检查。

(2)测定标准溶液吸光度时,按照浓度由低到高的顺序依次测定。

(3)根据仪器的灵敏度和待测元素的性质适当选择供试品溶液的浓度,以保证良好的线性关系。含量测定通常采用标准曲线法,当标准曲线线性良好并通过原点时,也可采用标准加入法。用于杂质检查时,应注意供试品溶液和对照品溶液的读数是否均在线性范围内。

(4)原子吸收分析中使用的各种气体、化学试剂、标准物质及雾化器等要求较高,如乙炔的纯度应在 99.99% 以上,当和清洁空气一起点着火焰时应显示淡蓝色几乎透明的火焰。使用钢瓶装高纯氮气,纯度应在 99.99% 以上,特别应注意其中的氧气含量不得超过 10μL/L。使用钢瓶气时,应遵守钢瓶气安全操作规程。使用氩气时出口压力不小于 0.5MPa,内气流量分为大、中和小三档,分别为 600mL/min、450mL/min 和 150mL/min。在升温过程中,原子化阶段内气是关闭的,干燥、灰化和净化阶段内气均开到大档。

(5)雾化室的废液排出管应水封,防止燃气通过此处时泄漏,应立即关闭气阀,进行检查。

(6)雾化器的调节可改变样品注入速度,从而影响抵达光路样品原子的数量。对于气压式雾化器,输入速度以 3～6mL/min 为宜,氧化亚氮-乙炔火焰的输入速度以 2～4mL/min 为宜。在使用氧化亚氮-乙炔火焰时,不得调节喷雾器,应在使用空气-乙炔火焰时调节好后转入氧化亚氮-乙炔火焰。

(7)标准曲线不理想时,可重新测量某个浓度的数据,方法是点击测量窗口中"终止"→选择需重新测量的样品号→点鼠标右键→选"重新测量"→直至数据符合要求→点击测量窗口中"终止"→测量下一个样品。

(8)火焰法和石墨炉法切换时,必须注意燃烧头和石墨炉炉体之间挡板的正确位置,火焰法时应插上挡板,石墨炉法时应提前取下挡板。

(9)操作者不可在火焰燃烧时,长时间离开仪器。实验完毕离开实验室前检查水、电、气。

巩固练习

自主练习标准曲线法进行高锰酸钾消毒液中高锰酸钾含量的测定，根据评价表完成自我评定，上传学习平台。

 任务评价

标准曲线法任务评价表

班级：_____   姓名：_____   学号：_____

序号	任务要求	配分/分	得分/分
1	溶液配制	15	
2	开机操作	10	
3	参数设定	10	
4	点火过程	10	
5	测定过程	15	
6	处理结果	10	
7	关机操作	10	
8	职业素质	10	
9	记录与报告	10	
	总分	100	

工作报告

班级：　　　　　姓名：　　　　　学号：　　　　　成绩：

工作任务	
任务目标	
任务准备	
任务实施	
注意事项	
学习反思	

任务3　石墨炉法测定胶囊中铬离子含量

工作任务

《中国药典》（2020年版）胶囊用明胶中铬的含量采用标准曲线法测定，含铬不得超过百万分之二。取供试品溶液与对照品溶液，以石墨炉为原子化器，照原子吸收分光光度法标准曲线法测定。

任务目标

（1）素养　具备标准意识、规范意识、实事求是、精益求精的工匠精神。

（2）知识　掌握原子吸收分光光度法-石墨炉原子化法的基本原理；掌握仪器的构造和工作原理。

（3）技能　能熟练操作原子吸收分光光度计；能熟练运用标准曲线法进行含量测定，正确记录并判断结果。

任务实施

1. 分析任务，设计流程

溶液的制备→开机，仪器初始化→选择工作灯及预热灯，寻峰，进入工作站→选择石墨炉，调节原子化器的位置→选择标准曲线法，设置对照品和供试品信息→打开氩气和冷却水源，打开石墨炉电源，设置石墨炉加热程序→空白溶液校正→对照品溶液和供试品溶液吸光度测定→关氩气，关冷却水，关仪器→结果判断。

2. 任务准备

原子吸收分光光度计、石墨炉、铬空心阴极灯、99.999%的高纯氩气、电炉、硝酸、重铬酸钾、分析天平、500mL容量瓶、10mL容量瓶、微量移液器、150mL锥形瓶等。

3. 操作要点

（1）1.00mg/L铬标准贮备液的制备：精密称取1.4135g重铬酸钾（110℃烘2h），加水溶解并定容至500mL容量瓶中。然后稀释1000倍而成1.00mg/L铬标准贮备液。

（2）对照品溶液的制备：在5个10mL的容量瓶中，用微量移液器分别加入0μL、10μL、30μL、50μL、100μL 1.00mg/L铬标准贮备液，用蒸馏水定容至刻度，临用前配制。

（3）供试品溶液的制备：称取样品3.00g左右空心胶囊于150mL的锥形瓶中，

加水 80mL，再加硝酸 1.0mL，于电炉上加热并搅拌使胶囊崩解并充分分散，然后定容至 100mL，然后用蒸馏水稀释 100 倍而成。

（4）空白溶液的制备：不加样品，制备方法参照供试品溶液。
（5）选择原子吸收分光光度计，石墨炉原子化器，开机，仪器初始化。
（6）选择工作灯及预热灯，并寻峰，进入工作站。
（7）选择石墨炉，调节原子化器的位置。
（8）选择标准曲线法，设置对照品和供试品信息。
（9）打开氩气和冷却水源，打开石墨炉电源。
（10）设置石墨炉加热程序

升温步骤	温度 /℃	升温时间 /s	保持时间 /s
干燥第一步	90	10	5
干燥第二步	110	5	15
灰化	500	15	20
原子化	2100	0	3
净化	2300	1	2

（11）空白溶液校正。
（12）将对照品溶液和供试品溶液依次注入石墨炉中，测定吸光度。
（13）关氩气，关冷却水，关仪器。

4. 实验结果

分别记录对照品溶液和供试品溶液的吸光度，以对照品溶液的浓度为横坐标，相应的吸光度为纵坐标，绘制标准曲线。

附表：

项目	标样 1	标样 2	标样 3	标样 4	标样 5	样品
浓度 /（ng/mL）	0	0.001	0.003	0.005	0.01	$c_x=$
吸光度	$A_1=$	$A_2=$	$A_3=$	$A_4=$	$A_5=$	$A_x=$

附图：

5. 结果判断

利用标准曲线求出供试品溶液的浓度值，计算铬的含量，并与标准规定进行比较，判断铬的含量是否符合规定。

结论：□符合规定　□不符合规定

必备知识

（1）在非火焰原子化法中，常用的是管式石墨炉原子化器。它是一个电加热器，利用电能加热盛放试样的石墨容器，使之达到高温以实现试样的蒸发和原子化。

（2）石墨管原子化器主要由炉体，石墨管和电、水、气供给系统组成。石墨管外径为6mm，内径为4mm，长度为30mm左右，管两端用铜电极夹住。试样用微量注射器直接由进样孔注入石墨管中，通过铜电极向石墨管供电。石墨管作为电阻发热体，通电后可达到2000～3000℃高温，以蒸发试样和使试样原子化。铜电极周围用水箱冷却。保护气室内通惰性气体氩或氮，以保护原子化了的原子不再被氧化烧蚀，同时也可延长石墨管的使用寿命。

总结提高

（1）石墨炉原子化器应注意干燥、灰化、原子化各阶段的温度、时间、升温情况等程序的合理编制。它们对测定的灵敏度、检出限及分析精度等都有很大影响。

（2）使用石墨炉分析样品时，进样方法的重现性是关键操作。从石墨管的小孔中加入样品时，除石墨炉周围环境升温情况需要保持一致外，用微量吸管加入的角度、深度等均须一致，因此最好用重现性好、可靠的自动进样器，手工进样欲得重现的结果需要较高而熟练的实验技术。

（3）样品中如存在比被分析元素更不易挥发的元素，最好在原子化升温完毕后用最高温度作极短期加热，以清洗残存于石墨管中的干扰元素。

（4）仪器及样品浓度不同信号差别很大，浓度过浓使信号达到饱和时则输出信号过强，此时可以适当降低灵敏度或改用该元素的次要谱线以确保信号强度与被测元素浓度呈线性关系。

（5）器皿清洗不宜用含铬离子的清洗液，因铬离子溶液容易渗透玻璃等容器，而宜用硝酸或硝酸-盐酸混合液清洗后再用去离子水清洗。

（6）光路调节是石墨炉原子吸收分析的第一步，石墨炉原子化器与光源间的对光调整是整个分析过程的前提。石墨炉原子吸收分析的步骤有干燥、灰化、原子化程序升温和采用惰性气体保护。因此，选择合适的干燥、灰化原子化温度、时间和惰性气体流量是石墨炉原子吸收分析非常重要的步骤。

（7）空心阴极灯电流不得大于 10mA，使用时应轻拿轻放，以免损坏阴极或产生裂纹而漏气损坏。不使用的灯应干燥保存，每 3 个月点燃 0.5h。

巩固练习

自主练习胶囊中铬离子含量的测定,根据评价表完成评定,上传学习平台。

任务评价

石墨炉法原子吸收分光光度技术任务评价表

班级:_____ 姓名:_____ 学号:_____

序号	任务要求	配分/分	得分/分
1	制定工作方案	5	
2	准备仪器、药品	5	
3	对照品溶液的配制	10	
4	供试品溶液的配制	10	
5	空白溶液的配制	5	
6	开机,仪器初始化	5	
7	选择工作灯及预热灯,并寻峰,进入工作站	5	
8	选择石墨炉,调节原子化器的位置	5	
9	选择标准曲线法,设置对照品和供试品信息	5	
10	打开氩气和冷却水源,打开石墨炉电源	5	
11	设置石墨炉加热程序	5	
12	空白溶液校正	5	
13	分别测定对照品溶液和供试品溶液的吸光度	10	
14	正确判断结果	5	
15	关氩气,关冷却水,关仪器	5	
16	结束后清场	5	
17	态度认真、操作规范有序	5	
	总分	100	

操作指南
TAS-990 型原子吸收分光光度计的使用(石墨炉法)

工作报告

班级：　　　　　姓名：　　　　　学号：　　　　　成绩：

工作任务	
任务目标	
任务准备	
任务实施	
注意事项	
学习反思	

学习资源

原子吸收线

原子由原子核及核外电子组成,电子绕核运动。原子核的外层电子按一定规律分布在各能级上,每个电子的能量是由它所处的能级决定的。不同能级间的能量差是不同的,而且是量子化的。

当辐射投射到原子蒸气上时,如果辐射频率相应的能量等于原子由基态跃迁到激发态所需的能量,则会引起原子对辐射的吸收,产生原子吸收光谱。

原子从基态激发到能量较低的激发态(第一激发态),为共振激发,产生的谱线称为共振吸收线。例如,钙原子吸收波长为 422.7nm 的光能,可使外层电子从基态跃迁到最低激发态,其共振吸收线为 422.7nm。这时要求光源产生电磁辐射的波长也应是 422.7nm。由于各种元素的原子结构和外层电子排布不同。不同元素的原子从基态激发至第一激发态时,吸收的能量不同。因此各种元素的共振线不同,各有其特征性,这种共振线称为元素的特征谱线。从基态到第一激发态的跃迁最容易发生,因此对大多数元素来说,共振线是元素所有谱线中最灵敏的谱线。在原子吸收光谱分析中,常用元素最灵敏的第一共振线作为分析线。原子吸收线一般位于光谱的紫外区和可见区。

原子吸收光谱的轮廓

实际上,原子吸收线并非一条严格的几何线,而是具有一定宽度(或频率范围)的谱线。当以强度为 I_0 的不同波长的光通过原子蒸气时,一部分被吸收,另一部分透过气态原子层。若用透过光强 I 对频率 ν 作图,得图 1-3-1(a)。由图可见,在中心频率 ν_0 处透过光强度最小。若将吸收系数 K_ν 对频率作图,得图 1-3-1(b),称为原子吸收线的轮廓。K_ν 为原子对频率为 ν 的辐射吸收系数;吸收系数的极大值,称为中心吸收系数(K_0)。所对应的频率为中心频率 ν_0;$K_0/2$ 处吸收线轮廓上两点间的频率差 $\Delta\nu$ 称为吸收线的半宽度。由此可见,ν_0、K_0 和 $\Delta\nu$ 是吸收线轮廓的重要特征。

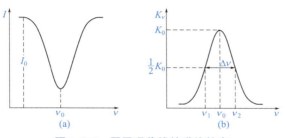

图 1-3-1 原子吸收线的谱线轮廓

实际上,原子吸收光谱的半宽度仅为 0.05nm 左右,比具有几十纳米的分子吸收光谱峰的半宽度要小得多。因此，原子吸收法不能以分子吸收法的光源作光源，原子吸收常采用一种锐线光源。

原子吸收定量原理

在原子吸收分光光度法中将试样转化为原子蒸气后，只要火焰温度选择合适，待测元素的原子绝大部分处于基态。这就提供了利用基态原子对共振线辐射的吸收进行分析的基本条件。

若将光源发射的不同频率的光通过原子蒸气，入射光的强度为 I_0，有一部分光被吸收，其透过光的强度 I（原子吸收光后的强度）与原子蒸气的厚度（火焰的厚度）L 的关系服从朗伯定律，即：当 L 一定时，$A = Ec$。可以看出，吸光度与原子蒸气的厚度（火焰的宽度）成正比。因此，适当火焰的宽度可以提高测定的灵敏度。

此式为原子吸收光谱定量分析的基本原理。注意：此式只适用于单色光。由于任何谱线并非都是无宽度的几何线，而是有一定宽度的，即谱线是有轮廓的，因此使用此式将带来误差。

原子吸收分光光度计

原子吸收分光光度计与普通的紫外-可见分光光度计的结构基本相同，只是用锐线光源代替了连续光谱，用原子化器代替了吸收池。原子吸收分光光度计由光源，原子化器，单色器，背景校正系统、进样系统和检测系统四部分组成。

1. 光源

光源的作用是发射被测元素基态原子所吸收的特征共振线，故称为锐线光源。对光源的基本要求是：发射的共振线宽度要明显小于吸收线的宽度，辐射强度大，稳定性好，背景信号低，使用寿命长等。

空心阴极灯（HCL）是最常用的锐线光源。它是一种低压气体放电管，主要有一个阳极（钨棒）和一个空心圆筒形阴极（由待测元素的金属或合金化合物构成）。阴极和阳极密封在带有光学窗口的玻璃管内，内充低压的惰性气体（氖气或氩气），其构造见图 1-3-2。

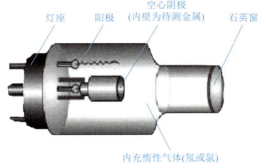

图 1-3-2 空心阴极灯结构

在电场作用下，空心阴极灯开始放电。阴极发射出的电子被加速，在飞向阳极的过程中，与载气的原子碰撞并使之电离。产生的正离子又在电场的作用下，轰击阴极表面，将阴极材料的原子从晶格中溅射出来。溅射出来的原子再与电子、原子、离子等碰撞，其中一部分原子被激发，在它们返回基态时，发射出相应元素的特征共振线。在正常工作条件下，空心阴极灯是一种实用的锐线光源。空心阴极灯发射的谱线主要是阴极元素的光谱，因此用不同的被测元素作阴极材料，可制成各种被测元素的空心阴极灯。缺点是测一种元素换一个灯，使用不便。

2. 原子化器

原子化器（atomizer）的作用是提供能量，使试样干燥，蒸发并转化为所需的基态原子蒸气。被测元素由试样转入气相，并转化为基态原子的过程，称为原子化过程。

原子化方法主要有两种：火焰原子化法和非火焰原子化法。

（1）火焰原子化法（flame atomization） 是由化学火焰提供能量，使被测元素原子化。常用的是预混合型原子化器，它包括雾化器、雾化室和燃烧器三部分，如图 1-3-3 所示。

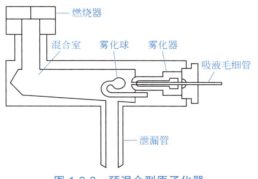

图 1-3-3 预混合型原子化器

雾化器的作用是将试液雾化，并使雾滴均匀化。雾滴越小，火焰中生成的基态原子就越多，测定灵敏度越高。雾化室的作用是：①使较大雾滴沉降、凝聚从废液口排出；②使雾粒与燃气、助燃气均匀混合形成气溶胶，再进入火焰原子化区；③起缓冲稳定混合气气压的作用，以便使燃烧器产生稳定的火焰。

燃烧器的作用是产生火焰，使进入火焰的试样气溶胶蒸发和原子化。常用的是单缝燃烧器。燃气和助燃气在雾化室中预混合后，在燃烧器缝口点燃形成火焰。火焰的组成关系到测定的灵敏度、稳定性和干扰等。因此对不同的元素，应选择不同的恰当的火焰。燃气和助燃气的种类、流量不同，火焰的最高温度也不同。最常用的是乙炔-空气火焰。它能为 35 种以上元素充分原子化提供最适当的温度。最高火焰温度约为 2600K。

火焰原子化器操作简单，火焰稳定，重现性好，应用广泛。但原子化效率低，气态原子在火焰吸收区中停留的时间很短，约 10^{-4} s。通常只可以液体进样。

（2）非火焰原子化法（flameless atomization） 在非火焰原子化法中，常用的是管式石墨炉原子化器。它是一个电加热器，利用电能加热盛放试样的石墨容器，使之达到高温以实现试样的蒸发和原子化。

石墨管原子化器主要由炉体、石墨管和电、水、气供给系统组成。石墨管外径为 6mm，内径为 4mm，长度为 30mm 左右，管两端用铜电极夹住。试样用微量注射器直接由进样孔注入石墨管中，通过铜电极向石墨管供电。石墨管作为电阻发热体，通电后可达到 2000～3000℃高温，以蒸发试样和使试样原子化。铜电极周围用水箱冷却。保护气室内通惰性气体氩或氮，以保护原子化了的原子不再被氧化烧蚀，同时也可延长石墨管的使用寿命。结构示意如图 1-3-4。

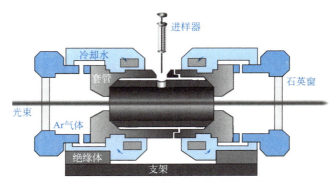

图 1-3-4　石墨炉原子化器结构示意

与火焰原子化相比，石墨炉原子化的特点是：①原子化在充有惰性保护气的气室内，在强还原性石墨介质中进行，有利于难熔氧化物的原子化。②试样用量少，固体试样几毫克，液体试样几微升；甚至可不经过前处理直接进行分析，尤其适于生物试样的分析。③试样全部蒸发，原子化效率几乎达 100%。④原子在测定区的有效停留时间长，约 10^{-1}s。几乎全部试样参与吸收，灵敏度高。但由于取样量少，测定重现性差，操作复杂。

（3）氢化物发生原子化器　由氢化物发生器和原子吸收池组成，可用于砷、锗、铅、镉、硒、锡、锑等元素的测定。其功能是将待测元素在酸性介质中还原成低沸点、易受热分解的氢化物，再由载气导入石英管、加热器等组成的原子吸收池，在吸收池中氢化物被加热分解，并形成基态原子。

（4）冷蒸气发生原子化器　由汞蒸气发生器和原子吸收池组成，专门用于汞的测定。其功能是将供试品溶液中的汞离子还原成汞蒸气，再由载气导入石英原子吸收池进行测定。

3. 单色器

单色器的作用是将所需的共振吸收线与邻近干扰线分离。由于原子吸收分光光度计采用锐线光源，吸收光谱本身也较简单，因而，对单色器分辨率的要求不是很高。为了防止原子化时产生的辐射不加选择地都进入检测器以及避免光电倍增管的疲劳，单色器通常配置在原子化器后。单色器中的关键部件是色散元件，现多用光栅。

4. 背景校正系统

背景干扰是原子吸收测定中的常见现象。背景吸收通常来源于样品中的共存成分及其在原子化过程中形成的次生分子或原子的热发射、光吸收和光散射等。这些干扰在仪器设计时应设法予以克服。常用的背景校正法有以下四种：连续光源（在紫外区通常用氘灯）法、塞曼效应法、自吸效应法和非吸收线法。

5. 检测系统

检测系统主要由检测器、放大器、对数变换器、显示装置所组成，应具有较高的灵敏度和较好的稳定性，并能及时跟踪吸收信号的急速变化。检测器的作用是将单色器分出的光信号进行光电转换，常用光电倍增管。放大器的作用是将光电倍增管输出的电压信号放大，常用同步检波放大器，以改善信噪比。对数变换器是将吸收前后的光强度变化与试样中待测元素浓度的关系进行对数变换，显示装置是将测定值最终由指示仪表显示出来。

测定条件的选择

1. 试样取量

取样量应根据待测元素的性质、含量、分析方法及要求的精度来确定。在火焰原子化法中，应该在保持燃气和助燃气一定比例与一定总气体流量的条件下，测定吸光度随喷雾试样量的变化，应当选取吸光度最大时对应的试样喷雾量。使用石墨炉原子化器，取样量大小依赖于石墨管内容积的大小，一般固体取样量为 $0.1 \sim 10mg$，液体取样量为 $1 \sim 5\mu L$。

2. 分析线

通常选择共振吸收线作为分析线，因为共振吸收线一般是最灵敏的吸收线。但是，并不是任何情况下都一定要选用共振吸收线作为分析线。最适宜的分析线，视具体情况由实验决定。实验方法是：首先扫描空心阴极灯的发射光谱，了解有哪几条可供选用的谱线，然后喷入试液，查看这些谱线的吸收情况，应该选用不受干扰而吸收值适度的谱线作为分析线。

3. 狭缝宽度

在原子吸收分光光度法中，谱线重叠干扰的概率小，因此，允许使用较宽的狭缝，有利于增加灵敏度，提高信噪比。对于谱线简单的元素（如碱金属、碱土金属）通常可选用较大的狭缝宽度；对于多谱线的元素（如过渡金属、稀土金属）要选择较小的狭缝，以减少干扰，改善线性范围，狭缝宽度一般在 $0.5 \sim 4nm$ 之间选择。

4. 空心阴极灯的工作电流

空心阴极灯的辐射强度与工作电流有关。灯电流过低，放电不稳定，光谱输出强度低；灯电流过大，谱线变宽，灵敏度下降，灯的寿命也要缩短。一般来说，在保证放电稳定和足够光强的条件下，尽量选用低的工作电流。在实际工作中，通过绘制吸光度-灯电流曲线选择最佳灯电流。

5. 原子化条件的选择

在火焰原子化系统中，火焰类型和特性是影响原子化效率的主要因素。对低、中温元素，使用乙炔-空气火焰；对于高温元素，采用乙炔-氧化亚氮高温火焰；对于分析线位于短波区（200nm以下）的元素，使用氢气-空气火焰为宜。对于确定类型的火焰，一般来说稍富燃的火焰是有利的。对于氧化物不十分稳定的元素如Cu、Mg、Fe、Co、Ni等，也可用化学计量火焰或贫火焰。在火焰区内，应调节燃烧器的高度，以使来自空心阴极灯的光束从自由原子浓度最大的火焰区通过，以期获得高的灵敏度。

项目评价

一、选择题

1. 原子化器的主要作用是（　　）。
   A. 将试样中待测元素转化成原子蒸气
   B. 将试样中待测元素转化成激发态原子
   C. 将试样中待测元素转化成中性分子
   D. 将试样中待测元素转化成离子

2. 原子吸收分光光度计中，目前常用的光源是（　　）。
   A. 火焰　　　　B. 空心阴极灯　　　　C. 氘灯　　　　D. 硅碳棒

3. 原子吸收光谱分析过程中，被测元素的灵敏度、准确度很大程度上取决于（　　）。
   A. 空心阴极灯　　　B. 火焰　　　　C. 原子化系统　　　　D. 分光系统

4. 原子吸收光谱是由（　　）产生的。
   A. 气态物质中基态原子的外层电子　　B. 固体物质中原子的内层电子
   C. 气态物质中激发态原子的外层电子　D. 液体物质中原子的外层电子

5. 关于原子吸收分光光度计下列哪个是错误的？（　　）
   A. 光源采用空心阴极灯
   B. 分光系统在原子化器前面
   C. 常用的原子化器为火焰原子化器和非火焰原子化器
   D. 检测器一般为光电倍增管

二、填空题

1. 原子吸收分光光度计定量分析的依据是_____。
2. 原子吸收谱线的横坐标是_____，纵坐标是_____。谱线的宽度常用_____来表示，它是指_____频率宽度。
3. 在非火焰原子化装置中，_____是目前发展最快、结构较完善、使用较好的原子化器。
4. 原子吸收分光光度计组成部件中分光系统的作用是_____。
5. 原子吸收分光光度计中光源的作用是_____。

三、判断题

（　　）1. 原子吸收线不是一条单一频率的线，而是一条较窄的峰形曲线，具有一定的宽度。

（　　）2. 原子吸收测定中必须选择共振线作为分析线。

（　　）3. 原子吸收光谱是带状光谱，而紫外 - 可见光谱是线状光谱。

四、思考题

1. 原子吸收分光光度法，为什么选择共振线作为分析线？
2. 常见的原子化器有几种？有何不同？
3. 原子吸收分光光度计主要由哪几部分组成，各部分的功能是什么？

模块二 色谱分析技术

职业岗位

色谱工作岗位。主要负责药品、食品等检品的气相色谱、高效液相色谱、薄层色谱的检验。

职业形象

色谱分析工。

（1）能熟练运用气相色谱法、高效液相色谱法、薄层色谱法对物质进行定性鉴别、纯度检查和含量测定；

（2）熟悉气相色谱、高效液相色谱、薄层色谱的标准检验操作流程；

（3）能熟练使用气相色谱仪、高效液相色谱仪，并能对仪器进行简单的维护和保养，熟悉常见故障及排除办法；

（4）能正确处理检验图谱和检验数据，正确填写记录，发放报告；

（5）做事认真负责，善于与人沟通交流、协调各方关系。

职场环境

气相色谱室、高效液相色谱室、薄层色谱室、样品处理室、天平室等。

（1）气相与高效液相色谱室、天平室：防尘、防震、防湿。实验室温度一般为常温，湿度一般不超过60%，室内应备有温度计和湿度计，并配有空调设备。仪器必须安放在牢固的水平台面上。

（2）薄层色谱室与样品处理室：一般实验室要求，要配有通风橱。

工作目标

基本目标：能根据气相色谱法、高效液相色谱法、薄层色谱法操作流程，独立完成对药物的鉴别、纯度检查和含量测定的检验任务。

拓展目标：能对仪器进行简单的维护和保养，熟悉常见故障及排除办法。

项目一 柱色谱技术

任务 亚甲蓝中甲基橙的分离与含量测定

 ### 工作任务

柱色谱是色谱分析方法中的一种,由于柱色谱能够较大量地有效分离和提纯有机化合物,所以广泛应用在化学分析、药物研究、天然物质提取、医学研究等领域。一般采用中性氧化铝为固定相分离甲基橙和亚甲蓝的混合物。甲基橙由于自身带有颜色,可以用分光光度法测定其含量。

 ### 任务目标

(1) 素养 具备标准意识、规范意识、实事求是、精益求精的工匠精神。
(2) 知识 掌握柱色谱法的基本原理。
(3) 技能 能熟练操作柱层析的装柱、洗脱、分离;能熟练操作紫外-可见分光光度计;能熟练进行光谱法含量测定的操作,正确记录并判断结果。

 ### 任务实施

1. 分析任务,设计流程

溶液配制→装柱→加样→洗脱→紫外法测量甲基橙含量→计算。

2. 任务准备

玻璃色谱柱、中性氧化铝、分析天平、甲基橙、亚甲蓝、95%乙醇、脱脂棉花、铁架台、洗耳球、锥形瓶、玻璃漏斗、石英砂、紫外-可见分光光度计、比色皿、25mL容量瓶2个、250mL容量瓶1个、1m刻度吸管1支、2mL移液管1支、擦镜纸、手套等。

3. 操作要点

溶液配制:
(1) 甲基橙指示液的配制:取甲基橙0.1g,加水100mL使溶解,即得。
(2) 亚甲蓝指示液的配制:取亚甲蓝0.5g,加水使溶液成100mL,即得。
(3) 将上述两种指示剂等比例混合。

装柱：

（1）取一支玻璃色谱柱，在柱子的收缩部塞一小团脱脂棉花将色谱柱垂直固定在铁架台上，关闭活塞。

（2）填固定相：向柱中加入已经湿润的 Al_2O_3（7g Al_2O_3 + 95% 乙醇拌匀）至柱体积的 1/2。

（3）用洗耳球敲打柱身使氧化铝装填紧密，打开活塞，用小锥形瓶盛接，控制滴速为 1 滴/s，装完后在上面加一层石英砂（约 5mm）。操作时要注意吸附剂始终不能露出液面。

加样：

当乙醇液面刚好流至与石英砂平面相切时，立刻关闭活塞，用移液管准确加入 0.5mL 甲基橙和亚甲蓝的混合物（乙醇溶液），打开活塞。

洗脱：

待液面降至石英砂层时用少量 95% 乙醇洗下附在管壁的色素（少量多次），然后用 95% 乙醇作为洗脱剂，控制流速（约为 1 滴/s），当亚甲蓝色带洗出时，更换锥形瓶收集洗脱液，直至洗脱液无色。更换锥形瓶，并改用蒸馏水继续洗脱，用另外的锥形瓶收集，直到甲基橙全部被洗脱下来。

紫外法测量甲基橙含量：

（1）把收集到的甲基橙溶液转移置 25mL 容量瓶中，用水定容至刻度，摇匀，即为供试品溶液；

（2）精密量取配制的甲基橙指示剂溶液 2mL 置于 250mL 容量瓶中，加水稀释，定容，摇匀，即得对照品溶液。

（3）在波长 450nm 处分别测定供试品和对照品溶液的吸光度值。

（4）代入紫外法（对照品比较法）含量测定公式计算结果。

计算：

4. 实验结果

必备知识

（1）在色谱系统中，当供试品混合物被流动相带入色谱柱中，不同的组分由于它们之间理化性质的差异，在固定相与流动相两相中存在的量也各不相同。固定相中存在量多的组分，冲洗出柱子所需消耗流动相的量就多，被较慢地从色谱柱中洗脱出来；流动相中存在量多的组分，冲洗出柱子所需消耗流动相的量就少，较快地被从色谱柱中洗脱出来。因此样品中不同的组分由于其在色谱柱上的保留不同，被冲洗出色谱柱所需要的时间也不同，即产生差速迁移，因而被分离。

（2）吸附剂装在管状柱内，用液体流动相进行洗脱的色谱法称为液-固吸附柱色谱法。吸附剂是一些多孔性物质，表面具有许多吸附活性中心。这些吸附活性中心的多少即吸附能力的强弱直接影响吸附剂的性能。吸附剂的吸附能力，可用吸附平衡常数 K 衡量。通常极性强的物质其 K 值大，易被吸附剂所吸附，随流动相向前移动的速率就慢，而具有较大的保留值，后流出色谱柱。

总结提高

（1）连续不断地加入洗脱剂，并保持一定高度的液面，在整个操作中勿使氧化铝表面的溶液流干，一旦流干，再加溶剂，易使氧化铝柱产生气泡和裂缝，影响分离效果。

（2）要控制洗脱液的流出速度，一般不宜太快，太快了柱中交换来不及达到平衡，因而影响分离效果。

（3）收集洗脱液，如试样各组分有颜色，在氧化铝柱上可直接观察。洗脱后分别收集各个组分。在多数情况下，化合物没有颜色，收集洗脱液时，多采用等份收集，每份洗脱剂的体积随所用氧化铝的量及试样的分离情况而定。一般若用 50g 氧化铝，每份洗脱液的体积常为 50mL。如洗脱液极性较大或试样的各组分结构相近似时，每份收集量要小。

巩固练习

自主练习亚甲蓝中二甲基黄的分离与含量测定,根据评价表完成自我评定,上传学习平台。

任务评价

柱色谱法分离与含量测定任务评价表

班级:_____ 姓名:_____ 学号:_____

序号	任务要求	配分/分	得分/分
1	制定工作方案	5	
2	准备仪器、药品	10	
3	溶液配制	10	
4	装柱	10	
5	加样	10	
6	洗脱	10	
7	紫外法测含量	10	
8	计算	15	
9	结束后清场	10	
10	态度认真、操作规范有序	10	
	总分	100	

操作指南
吸附色谱柱

工作报告

班级:　　　　　姓名:　　　　　学号:　　　　　成绩:

工作任务	
任务目标	
任务准备	
任务实施	
注意事项	
学习反思	

> 学习资源

　　色谱（chromatography）分析法简称"色谱法"，是一种物理或物理化学的分离分析方法，该法利用某一特定的色谱系统（如薄层色谱、高效液相色谱或气相色谱等系统）进行分离分析，主要用于分析多组分样品。在分析化学、药物分析、生物化学等领域有着非常广泛的应用。

色谱法的基本原理

　　在色谱系统中，当供试品混合物被流动相带入色谱柱中，不同的组分由于它们之间理化性质的差异，在固定相与流动相两相中存在的量也各不相同。固定相中存在量多的组分，冲洗出柱子所需消耗流动相的量就多，较慢地被从色谱柱中洗脱出来；流动相中存在量多的组分，冲洗出柱子所需消耗流动相的量就少，较快地被从色谱柱中洗脱出来。因此样品中不同的组分由于其在色谱柱上的保留时间不同，被冲洗出色谱柱所需要的时间也不同，即产生差速迁移，因而被分离。

色谱图及色谱峰

1. 色谱图

　　把混合组分经色谱柱分离，被分离的组分到达检测器，所检测到的响应信号对时间作图得到的曲线称为色谱图，如图 2-1-1 所示。

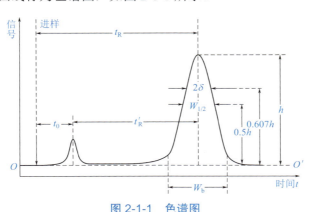

图 2-1-1　色谱图

2. 基线

　　在操作条件下，色谱柱没有组分流出，仅有流动相流出时，检测器响应信号的记录值。基线上下波动称为噪声，上斜或下斜称为漂移。基线反应仪器（主要是检测器）的噪声水平。

3. 色谱峰

　　当某组分从色谱柱流出时，检测器对该组分的响应信号随时间变化所形成的峰形曲线称为该组分的色谱峰。正常色谱峰为对称形正态分布曲线。不正常色谱峰有两种：拖尾峰（tailing peak）和前延峰（leading peak）。拖尾峰前沿陡峭，后沿平缓；前延峰前沿平缓，后沿陡峭。色谱峰的对称与否可用拖尾因子（tailing factor）来衡量。拖尾因子在 0.95～1.05 之间的色谱峰为对称峰；小于 0.95 者为前沿峰；大于 1.05 者为拖尾峰。用下式计算拖尾因子：

$$T = \frac{W_{0.05h}}{2d_1}$$

式中，$W_{0.05h}$ 为 5% 峰高处的峰宽；d_1 为峰顶在 5% 峰高处横坐标平行线的投影点至峰前沿与此平行线交点的距离。

色谱峰高、峰面积和色谱峰区域宽度

1. 峰高（h）

峰高是组分在柱后出现浓度极大值时的检测信号，即色谱峰顶至基线的距离。

2. 峰面积（A）

峰面积是色谱曲线与基线间包围的面积，通常用积分的形式得到，是物质的主要定量参数。

3. 色谱峰区域宽度

色谱峰区域宽度是色谱图中很重要的参数，它直接和分离效率有关。描述色谱峰区域宽度有三种参数：

① 标准偏差 δ：它是 0.607 倍峰高处色谱峰宽度的一半（见图 2-1-1）。δ 的大小表示组分离开色谱柱的分散程度。δ 值越大，流出的组分越分散，分离效果越差；反之流出组分越集中，分离效果越好。

② 峰宽 W：通过色谱峰两侧的拐点作切线在基线上的截距。

③ 半高峰宽 $W_{1/2}$：峰高一半处对应的色谱峰宽。$W_{1/2} = 2.354\delta$，$W_{1/2}$ 与 W 除可衡量柱效外，还可用于峰面积的计算。

一个组分的色谱峰可用三项参数来描述，即峰高或峰面积（定量参数）、峰位（用保留值表示，定性参数）及色谱峰区域宽度（柱效参数）说明。

保留值

保留值是色谱定性分析的依据，它表示组分在色谱柱中的停留的数值，可用时间 t 和消耗流动相的体积 V 来表示，分别称为保留时间和保留体积。组分在固定相中溶解性能越好，或固定相的吸附性能越好，在柱中的滞留时间就越长，消耗流动相的体积就越大。

1. 死时间（t_0）

死时间是不被固定相吸附或溶解的组分从进样开始到出现峰最大值所需要的时间为死时间，也就是流动相到达检测器所需要的时间。

2. 保留时间（t_R）

保留时间是某组分从进样到在柱后出现浓度极大值时的时间间隔，即从进样开始到某个组分的色谱峰顶点的时间间隔。当操作条件不变时，组分的保留时间为定值，因此保留时间是色谱法的基本定性参数。

3. 调整保留时间（t'_R）

调整保留时间是某组分由于溶解或吸附于固定相，比不溶解或不被吸附的组分在柱中多停留的时间。

$$t'_R = t_R - t_0$$

组分在色谱柱中的保留时间包括了组分在流动相中并随之通过色谱柱所需的时间与在固定相中滞留时间的和，调整保留时间为组分滞留在固定相中的时间。

在实验条件（温度、固定相等）一定时，调整保留时间仅决定于组分的性质，因此调整保留时间为定性的基本参数。同一组分的保留时间受流动相流速的影响，因此又常用保留体积来表示保留值。

4. 死体积（V_0）

死体积是进样器至检测器的流路中未被固定相占有的空间。死体积是色谱柱中固定相颗粒间间隙、进样器至色谱柱间导管的容积、柱出口导管及检测器的内腔体积的总和。死时间相当于流动相充满死体积所需要的时间。死体积与死时间和流动相流速有如下关系：$V_0 = t_0 F_C$。

5. 保留体积（V_R）

保留体积是从进样开始到某组分在柱后出现浓度极大值时需通过色谱柱的流动相的体积。保留体积与保留时间和流动相的流速（F_C，mL/min）之间有如下关系：$V_R = t_R F_C$。

流动相流速大，保留时间短，两者乘积不变，因此 V_R 与流动相的流速无关。

6. 调整保留体积（V'_R）

调整保留体积是保留体积扣除死体积后的体积。$V'_R = V_R - V_0 = t'_R F_C$。$V'_R$ 与流动相的流速无关，因而也是重要的定性参数之一。

7. 相对保留值（r）

相对保留值是两组分的调整保留值之比，也是色谱系统的选择性指标。组分 2 与组分 1 的相对保留值用下式表示：

$$r_{2,1} = t'_{R_2}/t'_{R_1} = V'_{R_2}/V'_{R_1}$$

分配系数

色谱分离是基于试样组分在固定相和流动相之间反复多次的分配过程，这种分配过程常用分配系数来描述。

分配系数是指在一定的温度和压力下，达到分配平衡时，待测组分在固定相（s）和流动相（m）中的浓度（c）之比。其表达式为：$K = c_s/c_m$。

分配系数 K 是由组分、固定相和流动相的性质及温度决定的，与柱中气相、液相的体积无关，是组分的特征常数。当 $K=1$ 时，组分在固定相和流动相中浓度相等；当 $K>1$ 时，组分在固定相中的浓度大于在流动相中的浓度；当 $K<1$ 时，组分在固定相中的浓度小于在流动相中的浓度。

不同物质的分配系数相同时，它们不能分离。色谱柱中不同组分能够分离的先决条件是其分配系数不等。分配系数 K 小的组分，在固定相中停留时间短，较早流出色谱柱；分配系数大的组分，在流动相中的浓度较小，移动速度慢，在柱中停留时间长，较迟流出色谱柱。

两组分分配系数相差越大，两峰分离得就越好。

理论塔板数

塔板理论是色谱学的基础理论，塔板理论将色谱柱看作一个分馏塔，待分离组分在分馏塔的塔板间移动，在每一个塔板内组分分子在固定相和流动相之间形成平衡，随着流动相的流动，组分分子不断从一个塔板移动到下一个塔板，并不断形成新的平衡。一个色谱柱的塔板数越多，则其分离效果就越好。

理论塔板数在柱色谱分析中是用来衡量柱效的重要参数，理论塔板数越大，表示柱效越高。塔板数 n 与 W 和 $W_{1/2}$ 的关系为：

$$n = \frac{L}{H} = 5.54\left(\frac{t_R}{W_{1/2}}\right)^2 = 16\left(\frac{t_R}{W}\right)^2$$

上式说明，在 t_R 一定时，若峰越窄，则理论塔板数越大，柱的分离效率就越高，色谱峰越尖锐。因此通常把理论塔板数称为柱效指标。

分离度

分离度是相邻两组分色谱峰保留时间之差与两色谱峰峰宽平均值之比。它能够真实地反映组分在色谱柱中的分离情况，是一个总分离效能指标。

$$R = \frac{t_{R_2} - t_{R_1}}{(W_1 + W_2)/2} = \frac{2(t_{R_2} - t_{R_1})}{W_1 + W_2}$$

一般来说，当 $R \geq 1.5$ 时，两个组分能完全分离，分离度可达 99.7%。通常用 $R=1.5$ 作为相邻两组分已完全分离的标志。

趣闻轶事

经典柱色谱的发现

1906 年，俄国植物学家茨维特（Tsweet）发表关于色谱的论文，论文中描述了把干燥的碳酸钙粉末装入一根细长的玻璃管中，然后把植物叶子的石油醚萃取液倾倒到碳酸钙上，于是萃取液中的色素便被吸附在碳酸钙里，再用纯净的石油醚洗脱被吸附的色素，按照吸附顺序观察管内相应的色带（彩色环带柱管）。人们把茨维特开创的方法称作液-固色谱法，这也就是最初的液相色谱，又称经典柱色谱。迄今为止这种分离方法几乎在每一个中药化学实验室仍然存在，它被用于从植物提取物中制备各种单体，不过固定相已发展为各种大孔吸附树脂等。

色谱法的分类

1. 按流动相与固定相的物态分类

在色谱法中，固定相可以是固体或液体；流动相可以是气体、液体或超临界流体。按固定相和流动相所处状态，可将色谱法分为以下几类。

（1）气相色谱（GC）法　用气体作流动相的色谱法，根据固定相的状态，又可分为两种：①气-固色谱（GSC）法，其固定相为固体吸附剂；②气-液色谱（GLC）法，其固定相为涂在担体或毛细管壁上的液体。

（2）液相色谱（LC）法　用液体作流动相的色谱法，根据固定相的状态，又可分为两种：①液-固色谱（LSC）法，其固定相为固体吸附剂；②液-液色谱（LLC）法，其固定相为涂渍在固体载体上的液体。

（3）超临界流体色谱（SFC）法　用超临界状态的流体作流动相的色谱法。超临界流体是在高于临界压力和临界温度时的一种物质状态，它既不是气体也不是液体，但兼有气体和液体的某些性质。

2. 按分离原理分类

（1）吸附色谱法　根据吸附剂表面对不同组分物理吸附能力的强弱差异进行分离的方法。如气-固色谱法、液-固色谱法。

（2）分配色谱法　以液体为固定相，利用各组分在固定相中溶解度不同，所造成的两相间分配系数差异而进行分离的方法。如气-液色谱法、液-液色谱法。

（3）离子交换色谱法　以离子交换剂为固定相，缓冲溶液为流动相，根据不同组分离子对固定相亲和力的差异进行分离的方法。

（4）分子排阻色谱法　以凝胶为固定相的色谱法称为分子排阻色谱法或凝胶色谱法。它是根据高分子样品分子体积大小的差异进行分离的方法。其中以水溶液作流动相的称为凝胶过滤色谱法（GFC），以有机溶剂作流动相的称为凝胶渗透色谱法（GPC）。

（5）亲和色谱法　利用生物大分子如抗原与抗体等相互之间存在专一特殊亲和力，从而进行分离、分析的色谱技术。

（6）手性色谱法　用于手性药物的分离分析，例如手性衍生化试剂法等。

（7）毛细管电泳法（CE）　以高压电场为驱动力，以毛细管为分离通道，依据样品中各组分间淌度和（或）分配行为上的差异而实现分离的一种液相分离技术。

3. 按操作形式分类

（1）柱色谱法　固定相装于管柱内构成色谱柱，试样沿着一个方向移动而进行分离。按色谱柱的粗细，又可分为填充柱色谱法、毛细管柱色谱法、微填充柱色谱法及制备色谱法等。

（2）平面色谱法　固定相呈平面状的色谱法，又分为纸色谱（PC）法：以滤纸作固定相的载体；薄层色谱（TLC）法：以涂敷在玻璃板或铝箔板上的吸附剂作固定相；薄膜色谱（TFC）法：将高分子固定相制成薄膜等。

经典液相柱色谱

以液体为流动相的色谱法称为液相色谱法。根据操作形式的不同，液相色谱法又可以分为柱色谱法和平面色谱法。在液相色谱中，按照固定相的规格、流动相的驱动力、柱效和分离周期的不同，又可分为经典液相色谱法和现代色谱法。本节主要讨论经典液相柱色谱法。

采用普通规格的固定相，常压输送流动相的液相色谱法为经典液相色谱法，一般不具备在线检测器。1906年植物学家Tsweet进行的色素分离就是最原始和最典型的经典液相柱色谱法。与现代柱色谱法（如高效液相色谱法）相比，经典柱色谱法分离周期比较长，柱效比较低，一般不具有在线检测器。经典液相色谱法设备简单，费用低，可用于中药有效成分的分离纯化、药品的纯度控制等。

分离原理

吸附色谱法是以吸附剂为固定相的色谱法，包括液-固和气-固吸附色谱法。吸附剂装在管状柱内，用液体流动相进行洗脱的色谱法称为液-固吸附柱色谱法。吸附剂是一些多孔性物质，表面具有许多吸附活性中心。这些吸附活性中心的多少即吸附能力的强弱直接影响吸附剂的性能。吸附剂的吸附能力，可用吸附平衡常数K衡量。通常极性强的物质其K值大，易被吸附剂所吸附，随流动相向前移动的速率就慢，而具有较大的保留值，后流出色谱柱。

吸附剂

吸附剂吸附能力的大小，一是取决于吸附中心（吸附点位）的多少，二是取决于吸附中心与被吸附物形成氢键能力的大小。吸附活性中心越多，形成氢键能力越强，吸附剂的吸附能力越强。常用的吸附剂有硅胶、氧化铝和聚酰胺等。

1. 硅胶

硅胶是具有硅氧交联结构，表面具有许多硅醇基（—Si—OH）的多孔性微粒，硅醇基是硅胶的吸附活性中心。

硅醇基由于能与极性化合物或不饱和化合物形成氢键而具有吸附性，因为多数活性羟基存在于硅胶表面较小的孔穴中，所以表面孔穴较小的硅胶吸附性能较强。

硅胶表面的羟基若是与水结合成水合硅醇基则失去活性或吸附性。将硅胶加热到100℃左右，结合的水能被可逆地除去（此结合水也称自由水），硅胶又重新恢复吸附能力。所以硅胶的吸附能力与含水量有密切关系，含水量高，吸附能力弱，若自由水含量达17%以上，则吸附能力极低。如果将硅胶在105～110℃加热30min，则硅胶吸附能力增强；若加热至500℃，由于硅胶结构内的水（结构水）不可逆地失去，使硅醇基结构变成硅氧烷结构，吸附能力显著下降。硅胶具有微酸性，适用于分离酸性和中性物质，如有机酸、氨基酸、甾体等。

2. 氧化铝

氧化铝是一种吸附力较强的吸附剂，具有分离能力强、活性可以控制等优点。色谱用的氧化铝，根据制备时pH的不同有碱性、中性和酸性三种类型。一般情况下中性氧化铝使用最多。

碱性氧化铝（pH 9～10）适用于碱性化合物（如生物碱）和中性化合物的分离，对酸性物质则难分离。酸性氧化铝（pH 4～5），适用于分离酸性化合物，如酸性色素、某些氨基酸以及对酸稳定的中性物质。中性氧化铝（pH 7.5）适用于分离生物碱、挥发油、萜类、甾体以及在酸、碱中不稳定的苷类，酯，内酯等化合物。凡是在酸碱性氧化铝上能分离的化合物，中性氧化铝也都能分离，所以使用广泛。

3. 聚酰胺

聚酰胺是一类化学纤维素原料，因这类物质分子中都含有大量的酰氨基，故统称聚酰胺。色谱用聚酰胺粉是白色多孔的非晶形粉末，不溶于水和一般的有机溶剂，易溶于浓无机酸、酚、甲酸。

色谱条件的选择

吸附色谱的洗脱过程是流动相分子与组分分子竞争占据吸附剂表面活性中心的过程。强极性的流动相分子占据吸附中心的能力强，容易将试样分子从活性中心置换，具有强的洗脱作用。极性弱的流动相竞争占据活性中心的能力弱，洗脱作用就弱。因此，为了使试样中吸附能力稍有差异的各组分分离，就必须同时考虑到试样的结构与性质、吸附剂的活性和流动相的极性这三种因素。

1. 被测物质结构与性质

非极性化合物，如饱和烃类，一般不被吸附或吸附不牢，很难发生色谱行为。不同类型的烃类和烷烃上具有的不同基团是判断化合物极性的重要依据，其极性由小到大的顺序是烷烃＜烯烃＜醚类＜硝基＜二甲胺＜酯类＜酮＜醛＜硫醇＜胺类＜酰胺＜醇类＜酚类＜羧酸类。

在判断物质极性大小时，有下列规律可循：①基本母核相同，则分子中基团的极性越强，整个分子的极性也越强；②分子中双键越多，吸附能力越强，共轭双键多，吸附力亦增强；③化合物基团的空间排列对吸附性也有影响，如能形成分子内氢键的要比不能形成分子内氢键的相应化合物极性要弱，吸附能力也弱。

2. 吸附剂的选择

分离极性小的物质，选用吸附能力强的吸附剂；反之，分离极性强的物质，应选用吸附能力弱的吸附剂。

3. 流动相的选择

一般根据极性物质易溶于极性溶剂，非极性物质易溶于非极性溶剂的"相似相溶"原则来选择流动相。因此，分离极性大的物质应选用极性大的溶剂作为流动相，分离极性小的物质应选用极性小的溶剂作为流动相。常用的流动相极性递增的次序是石油醚＜环己烷＜四氯化碳＜苯＜甲苯＜乙醚＜氯仿＜乙酸乙酯＜正丁醇＜丙酮＜乙醇＜甲醇＜水。

在选择色谱分离条件时，应从上述三方面因素综合考虑。一般情况下，用硅胶、氧化铝时，若被测组分极性较强，应选用吸附性较弱的吸附剂，用极性较强的洗脱剂；如被测组分极性较弱，则应选择吸附性强的吸附剂和极性弱的洗脱剂。为了得到极性适当的流动相，在实际工作中常采用多元混合流动相。

用聚酰胺为吸附剂时，一般采用以水为主的混合溶剂为流动相，如不同配比的醇-水、丙酮-水、氨水-二甲基甲酰胺混合溶液等，视具体试样组分而定。

项目二
薄层色谱技术

任务1 薄层板的制备

工作任务

将1份固定相和3份水(黏合剂)在研钵中向同一方向研磨混合,去除表面的气泡后,研磨至浓度均一、色泽洁白的胶状物。倒入涂布器中,在玻板上平稳地移动涂布器进行涂布(厚度为0.2~0.3mm),取下涂好薄层的玻板,置水平台上于室温下自然晾干后,置烘箱中在105~110℃活化0.5~1h,随即置于干燥器中冷却至室温备用。使用前检查其均匀度,表面应均匀、平整、光滑、无麻点、无气泡、无损坏等。

任务目标

(1)素养 具备标准意识、规范意识、实事求是、精益求精的工匠精神。
(2)知识 掌握薄层色谱法固定相的种类;掌握薄层板的制备过程。
(3)技能 能掌握薄层板制备工艺及注意事项。

任务实施

1. 分析任务,设计流程

洗板→称取硅胶G和量取CMC-Na水溶液(3‰)→置研钵中→研磨混合至均一、色泽洁白的胶状物→玻璃板上涂布→晾干→活化。

2. 任务准备

托盘天平(0.1g)、研钵、玻板(10cm×20cm)、CMC-Na水溶液(3‰)、蒸馏水、色谱用硅胶G。

3. 操作要点

(1)洗板 选取板面平整的玻璃板,洗净后放置在干净、平整的台面上,阴干备用。

(2)匀浆 将吸附剂1份(3.0g)和水3份在研钵中向同一方向研磨混合均匀,至除去表面气泡,研磨至浓度均一、色泽洁白的胶状物。

（3）铺制　将已调制好的吸附剂匀浆倒至玻璃板的中央，适当倾斜使吸附剂流动，轻轻震动，使吸附剂均匀铺开成一薄层。置水平台上阴干。

（4）活化　将阴干的薄层板置于110℃烘箱中活化30min，置于干燥器中备用。

必备知识

（1）除另有规定外，玻板要求光滑、平整，洗净后不附水珠，晾干。最常用的固定相有硅胶G、硅胶GF_{254}、硅胶H和硅胶HF_{254}等，其颗粒大小，一般要求粒径为5～40μm。

（2）薄层厚度及均匀性，对试样分离效果和R_f值的重复性影响很大，一般厚度以250μm为宜，若要分离制备少量纯物质，薄层厚度应稍大些。

总结提高

（1）玻璃板应光滑、平整清洁，没有划痕，洗净后不附水珠。

（2）硅胶研磨要按照同一方向研磨，否则易产生气泡。

（3）将玻璃板置于平台上，将硅胶均匀地平铺在玻璃板上。铺板时，可以顺着板中间倒，也可以顺着某个边缘倒，也可以用玻璃棒引着溶液平铺在玻璃板上，倒时也要注意不要引入小气泡。如有需要，可以双手10个指头托住玻璃板，有节奏地颠簸，使得糊状硅胶分布均匀。尤其是玻璃板的四个角，容易高出玻璃板其他部位，所以要格外注意。铺好的板，表面看上去要光滑平整，没有气孔。薄层板铺好后一定要放置在平的台面上，否则难保证板面硅胶的厚度均匀。

巩固练习

自主练习薄层板的制备过程,根据评价表完成自我评定,上传学习平台。

 任务评价

薄层板制备任务评价表

班级:_____ 姓名:_____ 学号:_____

序号	任务要求	配分/分	得分/分
1	制定工作方案	5	
2	准备仪器、试剂	10	
3	洗板	15	
4	匀浆	20	
5	铺制	20	
6	活化	10	
7	结束后清场	10	
8	态度认真、操作规范有序	10	
	总分	100	

操作指南
薄层板制备

工作报告

班级：　　　　　　姓名：　　　　　　学号：　　　　　　成绩：

工作任务	
任务目标	
任务准备	
任务实施	
注意事项	
学习反思	

任务2　薄层色谱法鉴别山药

工作任务

取供试品粉末5g，加二氯甲烷30mL，加热回流2h，滤过，滤液蒸干，残渣加二氯甲烷1mL使溶解，作为供试品溶液。另取山药对照药材5g，同法制成对照药材溶液。照薄层色谱法（《中华人民共和国药典》通则0502）试验，吸取上述两种溶液各4μL，分别点于同一硅胶G薄层板上，以乙酸乙酯-甲醇-浓氨试液（9∶1∶0.5）为展开剂，展开，取出，晾干，喷以10%磷钼酸乙醇溶液，在105℃加热至斑点显色清晰。供试品色谱中，在与对照药材色谱相应的位置上，显相同颜色的斑点。

任务目标

（1）素养　具备标准意识、规范意识、实事求是、精益求精的工匠精神。
（2）知识　掌握薄层色谱法定性参数分离度、比移值的计算。
（3）技能　能熟练掌握薄层色谱法操作技术。

任务实施

1. 分析任务，设计流程
溶液制备→展开剂制备→点样→展开→显色→计算→结果判断。

2. 任务准备
分析天平、硅胶G薄层板、定量毛细管、展开缸、烘箱、回流装置、山药粉末、山药对照药材、二氯甲烷、乙酸乙酯、甲醇、浓氨溶液、10%磷钼酸乙醇溶液。

3. 操作要点
（1）溶液制备　取山药粉末5g，加二氯甲烷30mL，加热回流2h，滤过，滤液蒸干，残渣加二氯甲烷1mL使溶解，作为供试品溶液；另取山药对照药材5g，同法制成对照药材溶液。

（2）展开剂制备　按乙酸乙酯-甲醇-浓氨溶液（9∶1∶0.5）比例配制展开剂，现配现用。为使R_f值重现性良好，将展开剂置于展开缸中进行饱和。

（3）点样　划出点样基线，距底边约1.5cm并与底边平行，分别取两种溶液各4μL点于同一硅胶G薄层板上，点样时不要损伤薄层板表面，直径约3mm。

（4）展开　薄层板浸入深度距基线5mm为宜，切勿将样点浸入展开剂中，如20cm长的薄层板，展距以10～15cm为宜。取出薄层板，在展开剂前沿处做好标记，晾干，待检测。

（5）显色　喷以 10% 磷钼酸乙醇溶液，在 105℃加热至斑点显色清晰。

（6）计算　用铅笔描出斑点，用尺子分别量出基线至展开斑点中心的距离，基线至展开剂前沿的距离，二者的比值即为比移值 R_f；分别计算出供试品和对照品的比移值 R_f。供试品与标准物质色谱中的斑点均应清晰分离。

（7）结果判断　供试品色谱图中，在与对照药材色谱图相应的位置上，显相同颜色的斑点。

4. 实验结果

附图：

5. 结果判断

标准规定：供试品色谱中，在与对照药材色谱相应的位置上，显相同颜色的斑点。

结论：□符合规定　　□不符合规定

必备知识

定性鉴别主要依靠 R_f 值的测定。常采用的方法是用已知标准物质作对照。可采用与同浓度的对照品溶液，在同一块薄层板上点样、展开与检视，供试品溶液所显主斑点的颜色（或荧光）与位置（R_f）应与对照品溶液的主斑点一致，而且主斑点的大小与颜色的深浅也应大致相同。

总结提高

（1）点样前划出基线并做好点样记号。

（2）点样点直径以 2～4mm 为宜，宜分次点样，在空气中点样以不超过 10min 为宜。

（3）样品点间距离应不小于 1.5cm，点样不能距板边太近。

（4）展开前，展开剂需在展开缸中密闭进行预平衡。

（5）展开时，展开剂切勿没过基线。

（6）展开过程中展开缸要密闭。

（7）展开结束，在薄层板上标记溶剂前沿。

巩固练习

自主练习维生素 C 的鉴别,根据评价表完成自我评定,上传学习平台。

 任务评价

薄层色谱法鉴别任务评价表

班级:_____ 姓名:_____ 学号:_____

序号	任务要求	配分/分	得分/分
1	制定工作方案	5	
2	准备仪器、药品	10	
3	溶液制备	10	
4	展开剂制备	10	
5	点样	10	
6	展开、显色	10	
7	计算	15	
8	正确判断结果	10	
9	结束后清场	10	
10	态度认真、操作规范有序	10	
	总分	100	

操作指南
薄层色谱法操作
方法

工作报告

班级：　　　　　姓名：　　　　　学号：　　　　　成绩：

工作任务	
任务目标	
任务准备	
任务实施	
注意事项	
学习反思	

学习资源

薄层色谱（thin layer chromatography，TLC）法是将细粉状的吸附剂或载体涂布于玻璃板、塑料板或铝箔上，成一均匀薄层，经点样、展开与显色后，与适宜的对照物质在同一薄层板上所得到的色谱斑点做比较，用于进行定性鉴别或含量测定。铺好薄层的板，称为薄板或薄层板（thin layer plate）。

特点

薄层色谱法是色谱法中应用最广泛的方法之一，它具有以下特点：
① 分离能力强，斑点集中。
② 灵敏度高，几微克，甚至几十纳克的物质也能检出。
③ 展开时间短，一般只需十至几十分钟。一次可以同时展开多个试样。
④ 试样预处理简单，对被分离物质没有限制。
⑤ 上样量比较大，可点成点，也可点成条状。
⑥ 所用仪器简单，操作方便。

分离机制

薄层色谱法按所使用的固定相性质及其分离机制，可分为吸附色谱法、分配色谱法和分子排阻色谱法，其中吸附色谱法应用最广泛。

固定相为吸附剂的薄层色谱法称为吸附薄层色谱法。在吸附薄层色谱法中，将A、B两组分的混合溶液点在薄层板的一端，在密闭的容器中用适当的溶剂（展开剂，developing solvent，developer）展开。此时，A、B两组分首先被吸附剂所吸附，然后又被展开剂所溶解而解吸附，且随展开剂向前移动，遇到新的吸附剂，A、B两组分又被吸附，然后又被展开剂解吸，A、B两组分在薄层板上吸附、解吸附、再吸附、再解吸，这一过程在薄层板上反复无数次。由于吸附剂对A、B两组分具有不同的吸附能力，展开剂也对两组分有不同的溶解能力，导致差速迁移，最终实现分离。薄层色谱展开装置见图 2-2-1。

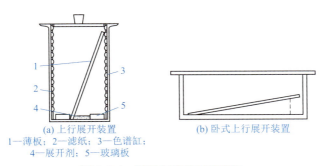

(a) 上行展开装置　　(b) 卧式上行展开装置
1—薄板；2—滤纸；3—色谱缸；
4—展开剂；5—玻璃板

图 2-2-1　薄层色谱展开装置图

薄层色谱法的定性参数

薄层色谱法的定性参数包括比移值与相对比移值。

（1）比移值（retaidation fanctor，R_f）　比移值是溶质移动距离与流动相移动距离之比，是薄层色谱法的基本定性参数。

$$R_f = L/L_0$$

式中，L 为原点（origin）至斑点中心的距离；L_0 为原点至溶剂前沿（solvent front）的距离，当 R_f 值为 0 时，表示组分留在原点未展开，即组分在固定相上很牢固，组分完全不溶于流动相，不随流动相移动；当 R_f 值为 1 时，表示该组分随展开剂至前沿，完全不被固定相保留，所以 R_f 值只能在 0～1 之间。在实际操作中，R_f 值在 0.2～0.8 之间为宜，最佳范围是 0.3～0.5。

（2）相对比移值（relative R_f，R_r）　由于 R_f 值的影响因素很多，要想得到重复的 R_f 值，就必须严格控制色谱条件的一致性。要在不同实验室、不同实验者间进行 R_f 值的比较是很困难的。采用相对比移值的重现性和可比性均比 R_f 值好。计算公式如下：

$$R_r = \frac{R_{f(i)}}{R_{f(s)}} = \frac{L_i}{L_s}$$

式中，$R_{f(i)}$ 和 $R_{f(s)}$ 分别为组分 i 和参考物质 s 在同一薄层色谱平面上、同一展开剂条件下所测得的 R_f 值。

由于参考物质与组分在完全相同的条件下展开，能消除系统误差，R_r 值的重现性和可比性均比 R_f 值好。参比物质可以是加入试样中的纯物质，也可以是试样中的某一已知组分。由于相对比移值表示的是组分与参考物质的移行距离之比，显然其值的大小不仅与组分及色谱条件有关，而且与所选的参考物质有关。与 R_f 值不同，R_r 值可以大于 1，也可以小于 1。

吸附剂

吸附薄层色谱法的固定相（stationary phase）为吸附剂，常用吸附剂有硅胶、氧化铝和聚酰胺等。

（1）硅胶　硅胶是薄层色谱用固定相中用得最多的一种，有 90% 以上的薄层分离都应用硅胶。硅胶为多孔性无定形粉末，硅胶表面带有硅醇基，呈弱酸性，通过硅醇基（吸附中心）与极性基团形成氢键而表现其吸附性能，由于各组分的极性基团与硅醇基形成氢键的能力不同，导致各组分被分离。硅胶吸附水分形成水合硅醇基而失去吸附能力，但将硅胶加热至 100℃ 左右，该水能可逆被除去，而提高活度，这一过程称为"活化"（activation）。经过 150℃ 活化的硅胶，$1nm^2$ 上约有 4～6 个硅醇基。

硅胶表面的 pH 值约为 5，一般适合酸性或中性物质分离，如有机酸、酚类、醛类等，因碱性物质能与硅胶作用，展开时被吸附、拖尾，甚至停留在原点不动。

薄层色谱常用硅胶有硅胶 H、硅胶 G 和硅胶 GF_{254} 等。硅胶 H 为不含黏合剂的硅胶，铺成硬板时需另加黏合剂。硅胶 G 是硅胶和煅石膏混合而成的。硅胶 GF_{254} 含煅石膏和一种无机荧光剂，即锰激活的硅酸锌，在 254nm 紫外光下呈强烈黄绿色荧光背景。

（2）氧化铝　因制备和处理方法不同，氧化铝可分为中性（pH 7.5）、碱性（pH 9.0）和酸性（pH 4.0）三种。碱性氧化铝用来分离中性或碱性化合物，如生物碱、脂溶性维生素等，中性氧化铝用来分离酸性及对碱不稳定的化合物，酸性氧化铝用来分离酸性化合物。氧化铝的活性也与含水量有关，含水量越高，活性越弱。

展开剂

吸附薄层色谱过程是组分分子与展开剂分子争夺吸附剂表面活性中心的过程，展开剂的选择是薄层色谱分离成功的重要条件之一。选择展开剂的一般原则应根据被分离组分的极性、展开剂的极性和吸附剂的活度来决定。

薄层色谱法中常用的溶剂按极性由强到弱的顺序是：水＞酸＞吡啶＞甲醇＞乙醇＞正丙醇＞丙酮＞乙酸乙酯＞乙醚＞氯仿＞二氯甲烷＞甲苯＞苯＞三氯乙烷＞四氯化碳＞环己烷＞石油醚。

薄层色谱法中通常先用单一溶剂展开，若 R_f 值太小，甚至是停留在原点，则可加入一定量极性强的溶剂，如乙醇、丙酮等，根据分离效果适当改变加入的比例；如果 R_f 值太大，斑点在前沿附近，则应加入适量极性弱的溶剂（如环己烷、石油醚等），以降低极性。为了寻找合适的展开剂，往往要经过多次实验，有时还需要两种以上的混合溶剂作展开剂。分离酸性组分，可在展开剂中加入一定比例的酸，如甲酸、磷酸、醋酸和草酸等，分离碱性组分，可在展开剂中加入一定比例的碱，如二乙胺、乙二胺、氨水等。

薄层色谱操作技术

薄层色谱一般操作程序可分为制板、点样、展开和显色与检视四个步骤。

1. 薄层板的制备

（1）材料　除另有规定外，玻板要求光滑、平整，洗净后不附水珠，晾干。最常用的固定相有硅胶 G、硅胶 GF_{254}、硅胶 H 和硅胶 HF_{254}，其次有硅藻土、硅藻土 G、氧化铝、氧化铝 G、微晶纤维素、微晶纤维素 F_{254} 等。其颗粒大小，一般要求粒径为 5～40μm。

薄层涂布，一般可分为无黏合剂和含黏合剂两种。前者系将固定相直接涂布于玻板上，后者系在固定相中加入一定量的黏合剂，一般常用 10%～15% 煅石膏（$CaSO_4 \cdot 2H_2O$ 在 140℃加热 4h）混匀后加水适量使用，或用羧甲基纤维素钠（CMC-Na）水溶液（0.2%～0.5%）适量调成糊状，均匀涂布于玻板上。其中用 CMC-Na 为黏合剂制成的薄层板称为硅胶 -CMC 板，这种板机械强度好，可用铅笔在上面做记号。用煅石膏为黏合剂制成的薄层板称为硅胶-G板，这种板机械强度较差，易脱落。使用涂布器涂布应能使固定相在玻板上涂成一层符合厚度要求的均匀薄层。薄层厚度及均匀性，对试样分离效果和 R_f 值的重复性影响很大，一般厚度以 250μm 为宜，若要分离制备少量纯物质，薄层厚度应稍大些。薄层板的大小可根据实际需要自行选择，小至载玻片，大的用 20cm×20cm 玻片。

在分离酸性或碱性化合物时，除可以使用酸性或碱性流动相外，也可制备酸性或碱性薄层来改善分离效果。如在硅胶中加入碱或碱性缓冲液制成碱性薄层，分离生物碱等碱性化合物。

调节被测组分的 R_f 值，也可以通过改变板的活度来达到。一般薄层板的活化温度为 105℃，活化 1h，若要降低板的活度，可通过降低板的活化温度和活化时间来达到目的。

（2）薄层板的制备　除另有规定外，将 1 份固定相和 3 份水（黏合剂）在研钵中向同一方向研磨混合，去除表面的气泡后，倒入涂布器中，在玻板上平稳地移动涂布器进行涂布（厚度为 0.2～0.3mm），取下涂好薄层的玻板，置水平台上于室温下晾干后在 110℃烘 30min，即置于有干燥剂的干燥箱中备用。使用前检查其均匀度（可通过透射光和反射光检视）。

市售薄层板分普通薄层板和高效薄层板，如硅胶薄层板、硅胶 GF_{254} 薄层板、聚酰胺薄膜和铝基片薄层板等。临用前一般应在 110℃活化 30min。聚酰胺薄膜不需活化。铝基片薄层板可根据需要剪裁，但须注意剪裁后的薄层板底边的硅胶层不得有破损。如贮放期间被空气中杂质污染，使用前可用适宜的溶剂在展开容器中上行展开预洗，110℃活化后，置于干燥器中备用。

2. 点样

将试样溶于适当的溶剂中，尽量避免用水，因为水溶液斑点易扩散，且不易挥发除去，一般用乙醇、甲醇等有机溶剂，配制试样浓度约为 0.01%～0.1%。除另有规定外，用点样器点样于薄层板上，点样工具一般采用点样毛细管或微量注射器。薄层板上样品容积的负荷量极为有限，普通薄层板的点样量最好在 10μL 以下，高效薄层板在 5μL 以下。点样量过多可造成原点"超载"，展开剂产生绕行现象，使斑点拖尾。点样点一般为圆点，点样基线距底边 2.0cm，样点直径以 2～4mm 为宜，溶液宜分次点样，每次点样后，使其自然干燥，或用电吹风使其迅速干燥，只有干后才能点第二次。点样速度要快，在空气中点样以不超过 10min 为宜，以减少薄层板和大气的平衡时间。点样时必须注意勿损坏薄层表面。

3. 展开

展开容器应使用适合薄层板大小的玻璃制薄层色谱展开缸，并有严密的盖子，底部应平整光滑，或有双槽。展开缸预先饱和可避免边缘效应，展开距离不宜过长，通常为 10～15cm。

将点好样品的薄层板放入展开缸的展开剂中，浸入展开剂的深度为距薄层板底边 0.5～1.0cm（切勿将样点浸入展开剂中），密封缸盖，待展开至规定距离（一般为 10～15cm），取出薄层板，晾干，按各品种项下的规定检测。

4. 显色与检视

显色方法有：

① 对于有色物质可在日光下观察，划出有色物质的斑点位置。

② 在紫外灯（254nm 或 365nm）下观察有无暗斑或荧光斑点，并记录其颜色、位置及强弱。能发荧光的物质或少数有紫外吸收的物质可用此法。

③ 荧光薄层板检测。适用于有紫外吸收的物质。荧光薄层板是在硅胶中掺入了少量的荧光物质制成的板。在 254nm 紫外灯下，整个薄层板呈强烈黄绿色荧光背景。被测物质由于荧光猝灭作用而呈现暗斑。

④ 既无色，又无紫外吸收的物质，可采用显色剂显色。薄层色谱常用的显色剂有碘、硫酸溶液和荧光黄溶液等。碘蒸气对许多有机化合物都可显色，其最大特点是显色反应往往是可逆的，在空气中放置，碘可升华挥去，组分恢复原来状态。10% 硫酸乙醇溶液使大多数有机化合物呈有色斑点。0.05% 荧光黄甲醇溶液是芳香族与杂环化合物的通用显色剂。显色的方式可采用喷雾显色、浸渍显色或置碘蒸气中显色。喷雾显色要求用压缩气体使显色剂呈均匀细雾状喷出；浸渍显色可用专用玻璃器皿或用适宜的玻璃缸代替；蒸气熏蒸显色可用双槽玻璃缸或适宜大小的干燥器代替。

项目评价

一、名词解释

比移值；相对比移值；吸附薄层色谱法；活化；边缘效应

二、填空题

1. 薄层色谱中常用的吸附剂是_____、_____、_____；吸附薄层色谱法中最常用的固定相为_____。
2. 在薄层色谱中定性参数 R_f 值的数值在_____之间，而 R_r _____。
3. 在纸色谱中，被分离组分分子与展开剂分子的性质越接近，它们之间的作用力越_____，组分斑点距原点的距离越_____。
4. 薄层色谱板的"活化"作用是_____、_____。
5. 要使二组分通过平面色谱分离的先决条件是它们的_____不同。

三、选择题

1. 试样中 A、B 两组分在薄层色谱中分离，首先取决于（　　）。
   A. 薄层有效塔板数的多少　　　　B. 薄层展开的方向
   C. 组分在两相间分配系数的差别　　D. 薄层板的长短
2. 在薄层色谱中，以硅胶为固定相，有机溶剂为流动相，迁移速度快的组分是（　　）。
   A. 极性大的组分　　　　　　　　B. 极性小的组分
   C. 挥发性大的组分　　　　　　　D. 挥发性小的组分
3. 在薄层色谱中跑在距点样原点最远的组分是（　　）。
   A. 比移值最大的组分　　　　　　B. 比移值小的组分
   C. 分配系数大的组分　　　　　　D. 相对挥发度小的组分
4. 薄层色谱中可用来衡量展开剂选择性的是（　　）。
   A. 比移值　　　B. 相对比移值　　C. 分配系数　　　D. 分离度
5. 平面色谱中被分离组分与展开剂分子的类型越相似，组分与展开剂分子之间的（　　）。
   A. 作用力越小，比移值越小　　　B. 作用力越小，比移值越大
   C. 作用力越大，比移值越大　　　D. 作用力越大，比移值越小
   [6～9]
   A. 不加胶黏剂的硅胶　　　　　　B. 加有煅石膏的硅胶
   C. 加有煅石膏和荧光剂的硅胶　　D. 不加胶黏剂，但加有荧光剂的硅胶

6. 硅胶 $GF_{254+365}$（　　）。
7. 硅胶 H（　　）。
8. 硅胶 H_{254}（　　）。
9. 硅胶 G（　　）。
[10～13]
A. 杂质分析　　　B. 定性分析　　　C. 定量分析　　　D. 结构分析
10. 比移值 R_f（　　）。
11. 相对比移值 R_r（　　）。
12. 主成分自身对照法（　　）。
13. 薄层扫描法（　　）。

四、简答题

1. 薄板有哪些类型？硅胶-CMC 板与硅胶-G 板有哪些区别？
2. 薄层色谱的显色方法有哪些？
3. 简述薄层色谱法的主要操作过程。
4. 化合物 A 在薄层板上从原点迁移 7.6cm，溶剂前沿距原点 16.2cm。
① 计算化合物 A 的 R_f 值。
② 在相同的薄层系统中，溶剂前沿距原点 14.3cm，化合物 A 的斑点应在此薄层板何处？
5. 已知 A 与 B 二物质的相对比移值为 1.5。当 B 物质在薄层板上展开后，色斑距原点 9cm，溶剂前沿距原点为 18cm，问若 A 在此板上同时展开，则 A 物质的展距为多少？A 物质的 R_f 值为多少？

项目三 气相色谱技术

任务1 内标法测定白酒中乙酸乙酯的含量

工作任务

取供试品50mL，精密量取，精密加内标溶液（精密量取乙酸正丁酯2mL，置于100mL容量瓶中，用60%乙醇水溶液稀释并定容至刻度）2mL，作为供试品溶液；取乙酸乙酯标准溶液（精密量取乙酸乙酯2mL，置于100mL容量瓶中，用60%乙醇水溶液稀释并定容至刻度）1.0mL，移入100mL容量瓶中，然后加入内标液1.0mL，用60%乙醇溶液稀释至刻度，作为对照溶液。照气相色谱法测定（通则0521），以6%氰丙基苯基-94%二甲基聚硅氧烷（或极性相）为固定液；60℃保持1min，以3℃/min的速率升到90℃，然后以40℃/min升到220℃；检测器温度：260℃；进样口温度：240℃。精密量取对照溶液和供试品溶液各1μL，分别注入气相色谱仪，记录色谱图。按内标以峰面积计算白酒中乙酸乙酯含量。

任务目标

（1）素养　具备标准意识、规范意识、实事求是、精益求精的工匠精神。
（2）知识　掌握气相色谱仪原理；掌握校正因子计算法及内标法。
（3）技能　能熟练操作气相色谱仪；能熟练运用气相色谱仪进行含量测定，正确记录并判断结果。

任务实施

1. 分析任务，设计流程

开机、仪器预热→溶液的制备→测定计算校正因子→测定计算供试品→结果报告。

2. 任务准备

气相色谱仪、气相色谱柱、吸量管、乙酸正丁酯、乙酸乙酯、乙醇、100mL容量瓶4个、50mL容量瓶1个、5mL吸量管5支、1μL微量进样器1支等。

3. 操作要点

（1）内标液制备：精密量取乙酸正丁酯 2mL，置于 100mL 容量瓶中，用 60% 乙醇水溶液稀释并定容至刻度，摇匀，作为内标液；

（2）乙酸乙酯标准溶液制备：精密量取乙酸乙酯 2mL，置于 100mL 容量瓶中，用 60% 乙醇水溶液稀释并定容至刻度，摇匀作为乙酸乙酯标准溶液；

（3）对照溶液制备：精密量取内标液与乙酸乙酯标准溶液各 1mL，分别置于 100mL 容量瓶中，用 60% 乙醇水溶液稀释并定容至刻度，摇匀，作为对照溶液；

（4）取试样 50mL，置于 50mL 容量瓶中，精密加入内标液 2mL，摇匀，作为供试品溶液；

（5）开机并进行参数设置，以 6% 氰丙基苯基 -94% 二甲基聚硅氧烷（或极性相）为固定液，60℃保持 1min，以 3℃/min 的速率升到 90℃，然后以 40℃/min 升到 220℃，检测器温度为 260℃，进样口温度为 240℃；

（6）各精密量取内标液与乙酸乙酯标液 0.1μL，记录保留时间；

（7）精密量取对照溶液 1μL，注入气相色谱仪，根据保留时间定性，记录峰面积，计算校正因子；

（8）精密量取供试品溶液 1μL，注入气相色谱仪，记录峰面积，根据校正因子与峰面积，计算白酒中乙酸乙酯含量；

（9）关机，填写仪器使用记录。

4. 实验结果

固定液：_____。

乙酸乙酯标准溶液中乙酸乙酯的保留时间为_____；内标液中乙酸正丁酯的保留时间为_____。

对照溶液中乙酸乙酯峰面积为_____；对照溶液中乙酸正丁酯峰面积为_____。

供试品溶液中乙酸乙酯峰面积为_____；供试品溶液中乙酸正丁酯峰面积为_____。

计算过程：

5. 结果

白酒试样中乙酸乙酯的含量为_____。

模块二　色谱分析技术

必备知识

（1）所谓内标法是将一定量的纯物质作为内标物，加到准确称取的试样中，进行色谱分析测得样品中几个组分的峰面积，引入质量校正因子，计算样品质量百分含量。

（2）当只需测定试样中某几个组分，而且试样中所有组分不能全都出峰时，可采用此法。内标法主要优点：由于操作条件变化而引起的误差，都将同时反映在内标物及预测组分上而得到抵消，所以可以得到较准确的结果。本法缺点就是每次分析均需要准确称量内标物和样品，操作比较麻烦，而且对分离的要求比较高。

（3）内标物的选择很重要，其选择的基本原则是：①内标物应是试样中不存在的纯物质；②加入量应接近被测组分；③内标物色谱峰位于被测组分色谱峰附近或几个被测组分峰中间，并与这些组分峰完全分离；④注意内标物与待测组分的物理及物理化学性质相近。

总结提高

（1）气相色谱仪微量进样器，要选择尖头进样器，进样操作要迅速，快插快推快拔。

（2）操作结束后，应仔细清洗微量进样器。

巩固练习

自主练习利用内标法测定白酒中乙酸乙酯的含量,根据评价表完成自我评定,上传学习平台。

 任务评价

气相色谱任务评价表

班级:_____ 姓名:_____ 学号:_____

序号	任务要求	配分 / 分	得分 / 分
1	制定工作方案	5	
2	准备仪器、药品	10	
3	溶液的配制	10	
4	参数设置	10	
5	校正因子计算	10	
6	供试品计算	20	
7	正确判断结果	15	
8	结束后清场	10	
9	态度认真、操作规范有序	10	
	总分	100	

操作指南
岛津 2014C 气相
色谱仪的使用

工作报告

班级：　　　　　　姓名：　　　　　　学号：　　　　　　成绩：

工作任务	
任务目标	
任务准备	
任务实施	
注意事项	
学习反思	

任务2 气相色谱仪的维护

 工作任务

气密性检查；石墨压环更换；衬管的清洗与更换；密封垫更换；色谱柱老化。

 任务目标

（1）素养 具备标准意识、规范意识、实事求是、精益求精的工匠精神。
（2）知识 掌握气相色谱仪的基本构造。
（3）技能 能熟练掌握气相色谱仪日常维护操作。

 任务实施

1. 分析任务，设计流程
制定方案→方案实施→结果评估。

2. 任务准备
气相色谱仪、气相色谱柱、石墨压环、密封圈、丙酮、肥皂水等。

3. 操作要点
（1）气密性检查 打开气源，将肥皂水涂抹于连接管路与接口处，观察有无气泡产生，若有气泡，则说明气密性不良，应更换管路。
（2）色谱柱更换 将石墨压环套在色谱柱上，使用标尺固定色谱柱与石墨压环，使色谱柱柱头超出固定标尺约1cm，使用毛细管柱切割器或陶瓷刀片将超出部分切割掉，取下标尺，将色谱柱安装在仪器上，使用柱螺母固定。
（3）衬管的清洗与更换 取下进样口固定螺母，取出衬管，取下密封垫圈，去除衬管中的石棉，将衬管浸泡于丙酮中，待污垢软化，使用纱布穿过衬管，来回拉动纱布，擦除污垢，使用蒸馏水清洗衬管，烘干。洁净衬管加入少量石棉，套上密封垫圈，装回进样口，拧紧固定螺母。
（4）密封垫更换 取下进样口固定螺母，取出密封垫，更换新的密封垫。
（5）色谱柱老化 安装好色谱柱，先利用氮气吹扫色谱柱，设置升温程序，使色谱柱在高温环境下除去杂质。

4. 结果评估

总结提高

（1）气相色谱种类很多，性能也各有差别。主要包括两个系统。即气路系统和电路系统。气路系统主要有压力表、净化器、稳压阀、稳流阀、转子流量计、进样器、色谱柱、检测器等；电子系统包括各用电部件的稳压电源、温控装置、放大线路、自动进样、数据处理机和记录仪等电子器件。

（2）要分析和判定色谱仪的故障所在，就必须要熟悉气相色谱的流程和气、电路这两大系统，特别是构成这两个系统部件的结构、功能。色谱仪的故障是多种多样的，而且某一故障产生的原因也是多方面的，必须采用部分检查的方法，即排除法，才可能缩小故障的范围。

（3）气相色谱仪应定期维护，确保分析准确与使用安全。

任务评价

气相色谱任务评价表

班级：_____　　姓名：_____　　学号：_____

序号	任务要求	配分/分	得分/分
1	制定工作方案	10	
2	维护操作	50	
3	结果评估	20	
4	结束后清场	10	
5	态度认真、操作规范有序	10	
	总分	100	

工作报告

班级：　　　　　姓名：　　　　　学号：　　　　　成绩：

工作任务	
任务目标	
任务准备	
任务实施	
注意事项	
学习反思	

学习资源

气相色谱（gas chromatography，GC）法是以气体为流动相的色谱分析方法。气相色谱法是由英国生物学家 Martin 等人创建起来的，他们在 1941 年首次提出了用气体作流动相，1952 年 Martin 等人第一次用气相色谱法分离测定复杂混合物，1955 年第一台商品气相色谱仪由美国 Perkin Elmer 公司生产问世，用热导池作检测器。1956 年，指导实践的速率理论出现，为气相色谱的发展提供了理论依据。气相色谱法目前已成为分析化学中极为重要的分离分析方法之一，在石油化工、医药化工、环境监测、生物化学等领域得到广泛应用。在药物分析中，气相色谱法已成为药物杂质检查和含量测定，中药挥发油分析，药物的纯化、制备等的一种重要手段。色谱理论的逐渐完善和色谱技术的发展，特别是近年来电子计算机技术的应用，为气相色谱法开辟了更加广阔的前景。

分类

气相色谱按固定相聚集状态不同分为气-固色谱和气-液色谱。按分离原理，气-固色谱属于吸附色谱，气-液色谱属于分配色谱。

按色谱操作形式分，气相色谱属于柱色谱，按柱的粗细不同，可分为填充柱色谱及毛细管柱色谱两种。填充柱是将固定相填充在金属或玻璃管中（内径 2～4mm），毛细管柱（内径 0.1～0.5mm）可分为开口毛细管柱和填充毛细管柱等。

特点

（1）高灵敏度　由于使用了高灵敏度检测器，气相色谱可检出 10^{-13}～10^{-11}g 的物质，可作超纯气体、高分子单体的痕迹量杂质分析和空气中微量毒物的分析。

（2）高选择性　可有效地分离性质极为相近的各种同分异构体和各种同位素以及极为复杂、难以分离的化合物。例如用空心毛细管柱，一次可以从汽油中检测 168 个烃类化合物的色谱峰。

（3）高效能　可把组分复杂的样品分离成单组分。

（4）操作简单，速度快　一般分析只需几分钟到几十分钟即可完成，有利于指导和控制生产。

（5）应用范围广　既可分析气体试样，亦可分析易挥发或可衍生转化为易挥发的液体或固体试样，只要沸点在 500℃以下，热稳定性好，分子量在 400 以下的物质，原则上都可以采用气相色谱法。

（6）所需试样量少　一般气体样用几毫升，液体样用几微升或几十微升。

（7）自动化程度高　目前的色谱仪器都带有微机处理，使设备操作及数据处理都实现了自动化，方便使用。

受试样蒸气压限制和定性困难是气相色谱法的两大弱点。

气相色谱流程

气相色谱法用于分离分析样品的基本过程如图 2-3-1。

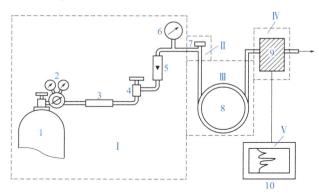

1—高压钢瓶；2—减压阀；3—载气净化器；4—稳压阀；5—流量计；
6—压力表；7—汽化室；8—色谱柱；9—检测器；10—记录仪

图 2-3-1 气相色谱流程图

气相色谱过程如图 2-3-1 所示。由高压钢瓶 1 供给的流动相载气，经减压阀 2 减压后，进入载气净化器 3 以除去载气中的杂质（水分和氧气），再经稳压阀 4 和流量计 5 后，以稳定的压力恒定的流速连续流过汽化室 7、色谱柱 8、检测器 9，最后放空。汽化室与进样口相接，它的作用是把从进样口注入的液体试样瞬间汽化为蒸气，以便随载气带入色谱柱中进行分离，分离后的样品随载气依次进入检测器，检测器将组分的浓度（或质量）变化转化为电信号，电信号经放大后，由记录仪记录下来，即得色谱图。

气相色谱仪

气相色谱仪由五大系统组成：气路系统、进样系统、分离系统、控温系统、检测及记录系统。

1. 气路系统

气路系统是提供气相色谱分离测定所需的载气和各种辅助气的装置。包括气源、气体净化器、流量控制器和压力调节阀。通过该系统，可以获得纯净的、流速稳定的载气。它的气密性、载气流速的稳定性以及测量流量的准确性，对色谱结果均有很大的影响。

常用的载气有氮气、氢气、氦气、氩气等。载气的净化，需经过装有活性炭或分子筛的净化器，以除去载气中的水、氧等不利的杂质。流速的调节和稳定是通过减压阀、稳压阀和针形阀串联使用后达到。除另有规定外，常用载气为氮气。

2. 进样系统

进样系统包括进样器和汽化室两部分，另有加热系统，保证试样汽化。

进样系统的作用是将液体试样，在进入色谱柱之前瞬间汽化，然后快速定量地转入色谱柱中。进样体积的大小，进样体积时间的长短，试样的汽化速度等都会影响色谱的分离效果和分析结果的准确性和重现性。

（1）进样器　进样器是样品引入装置。进样方式一般分为溶液直接进样和顶空进样。

溶液直接进样包括自动进样和手动进样，手动进样常用微量进样器、有分流装置的汽化室进样。气相色谱中一般进样量不超过数微升。采用毛细管柱时应用分流进样法，即注入汽化室的样品汽化后，与载气迅速混合，一部分导入色谱柱进行分析，其余部分从分流管路排放到装置外的进样方式。这样可以使样品以较窄的带宽进入色谱柱。

顶空进样是将固态或液态的供试品制成供试液后，置于密闭小瓶中，在恒温控制的加热室中加热，至供试品中挥发组分在液态和气态之间达到平衡后，由进样器自动吸取一定体积的顶空气注入色谱仪。适用于固体和液体供试品中挥发性组分的分离和测定。

（2）汽化室　由温控装置控制恒温，可以使试样中各组分瞬间汽化为蒸气。汽化后的试样与载气混合进入色谱柱。为了让样品在汽化室中瞬间汽化而不分解，因此要求汽化室热容量大，无催化效应。为了尽量减少柱前谱峰变宽，汽化室的死体积应尽可能小。

3. 分离系统

分离系统由色谱柱和恒温控制装置组成。色谱柱主要有两类：填充柱和毛细管柱。

① 填充柱由不锈钢或玻璃材料制成，内装固定相，一般内径为 $2\sim 4mm$，长 $2\sim 4m$。填充柱的形状有 U 形和螺旋形两种。

② 毛细管柱又叫空心柱，分为涂壁空心柱、多孔层空心柱和涂载体空心柱。空心毛细管柱材质为玻璃或石英。内径一般为 $0.2mm$、$0.25mm$、$0.32mm$ 或 $0.53mm$，长度为 $5\sim 300m$，呈螺旋形。

色谱柱的分离效果除与柱长、柱径和柱形有关外，还与所选用的固定相和柱填料的制备技术以及操作条件等许多因素有关。

4. 控温系统

温度直接影响色谱柱的选择分离、检测器的灵敏度和稳定性。控温系统主要是对色谱柱、汽化室、检测室的温度进行控制。色谱柱的温度控制方式有恒温和程序升温二种。对于沸点范围很宽的混合物，一般采用程序升温法进行。程序升温指在一个分析周期内柱温随时间由低温向高温作线性或非线性变化，以达到用最短时间获得最佳分离效果的目的。

5. 检测及记录系统

检测器是将各组分的浓度或质量转变为相应电信号的装置。根据检测原理的差别，气相色谱检测器可分为浓度型和质量型两类。

浓度型检测器测量的是载气中组分浓度的瞬间变化，即检测器的响应值正比于组分的浓度。如热导检测器（TCD）、电子捕获检测器（ECD）。

质量型检测器测量的是载气中所携带的样品进入检测器的速度变化，即检测器的响应信号正比于单位时间内组分进入检测器的质量。如氢火焰离子化检测器（FID）和火焰光度检测器（FPD）。

记录系统是能自动记录由检测器输出的电信号的装置，包括放大器、记录仪、数据处理装置。

上述组成部件中，色谱柱和检测器是色谱仪中两个核心部件。

气液色谱固定相

气液色谱的固定相由固定液（stationary liquid）和载体（support）组成。载体是一种惰性固体颗粒，用作支持物。固定液是均匀涂渍在载体上的高沸点的物质，在色谱操作条件下为液体。分离机制为分配色谱。

1. 固定液

（1）对固定液的要求　固定液一般为高沸点的有机物，能做固定相的有机物必须具备下列条件：①热稳定性好，在操作温度下，不发生聚合、分解或交联等现象，且有较低的蒸气压，以免固定液流失。通常，固定液有一个"最高使用温度"。②化学稳定性好，固定液与样品或载气不能发生不可逆的化学反应。③固定液的黏度和凝固点低，以便在载体表面能均匀分布。④各组分必须在固定液中有一定的溶解度，否则样品会迅速通过柱子，难以使组分分离。

（2）固定液的分类　目前用于气相色谱的固定液有约700余种，一般按其化学结构类型和极性进行分类，以便总结出一些规律供选用固定液时参考。

① 按固定液的化学结构分类。把具有相同官能团的固定液排在一起，然后按官能团的类型不同分类，可分为烃类、硅氧烷类、聚醇和聚酯等。这样就便于按组分与固定液"结构相似"原则选择固定液时参考。

② 按固定液的相对极性分类。极性是固定液重要的分离特性，按相对极性分类是一种简便而常用的方法。

（3）固定液的选择　根据"相似相溶"原则选择固定液时，通常遵循以下原则：

① 分离非极性物质，一般选择非极性固定液，试样中各组分将按沸点次序先后流出色谱柱，沸点低的先出峰，沸点高的后出峰。

② 分离极性物质，选用极性固定液，试样中各组分将主要按照极性顺序分离，极性小的先流出色谱柱，极性大的后流出色谱柱。

③ 分离非极性和极性混合物，一般选用极性固定液，这时非极性组分先出峰，极性组分（或易被极化的组分）后出峰。

④ 分离易形成氢键的物质（如醇、酚、胺等），一般选择极性或氢键型的固定液，这时不易与固定液分子间形成氢键的组分先出峰，易形成氢键的组分后出峰。

⑤ 分离复杂混合物，可以用两种或两种以上混合固定液。

2. 载体

载体是固定液的支持骨架，使固定液能在其表面上形成一层薄而匀的液膜，一般是化学惰性的多孔性微粒。

（1）对载体的要求　①具有多孔性，即比表面积大，孔径分布均匀；②表面没有吸附性能（或很少）；③化学惰性好，热稳定性好；④粒度均匀，具有一定的机械强度。

（2）载体的种类及性能　载体可以分成两类：硅藻土型和非硅藻土型。硅藻土型载体是天然硅藻土经900℃煅烧、粉碎、过筛后而获得的具有一定粒度的多孔性颗粒。按其制造方法的不同，可分为红色载体和白色载体两种。

红色载体是天然硅藻土中含有的铁在煅烧后形成氧化铁颗粒而呈红色。其机械强度大，孔径小，比表面积大，约为$4.0m^2/g$，表面吸附性较强，有一定的催化活性，适用于涂渍高含量固定液，常与非极性固定液配伍，分离非极性化合物。白色载体是天然硅藻土在煅烧时加入少量碳酸钠之类的助溶剂，使氧化铁转化为白色的铁硅酸钠而使硅藻土呈白色。白色载体由于助溶剂的存在形成疏松颗粒，表面孔径较粗，约$8\sim 9\mu m$。比表面积小，只有$1.0m^2/g$。适用于涂渍低含量固定液，常与极性固定液配伍，分离极性化合物。

气固色谱固定相

用气相色谱分析永久性气体及气态烃时，常采用固体吸附剂作固定相。在固体吸附剂上，永久性气体及气态烃的吸附性差别较大，故可以得到满意的分离效果。

（1）常用的固体吸附剂　主要有强极性的硅胶，弱极性的氧化铝，非极性的活性炭和特殊作用的分子筛等。

（2）人工合成的固定相　作为有机固定相的高分子多孔微球是人工合成的多孔共聚物，它既是载体又起固定相的作用，可在活化后直接用于分离，也可作为载体在其表面涂渍固定液后再使用。

由于是人工合成的，可控制其孔径的大小及表面性质。如圆柱型颗粒容易填充均匀，数据重现性好。在无液膜存在时，没有"流失"问题，有利于大幅度程序升温。这类高分子多孔微球特别适用于有机物中痕量水的分析，也可用于多元醇、脂肪酸、腈类和胺类的分析。

高分子多孔微球分为极性的和非极性的两种：①非极性的是由苯乙烯、二乙烯苯共聚而成。②极性的是苯乙烯、二乙烯苯共聚物中引入极性基团。

流动相

气相色谱中的流动相为气体，称为载气。常用的载气有氦气、氢气、氮气、氩气等，应用最多的是氢气和氮气。选用何种载气、如何纯化，主要取决于选用的检测器、色谱柱及分析要求。

检测器

检测器是一种将载气里被分离组分的量转变为相应电信号的装置。近年来，由于痕量分析的需要，高灵敏度的检测器不断出现，大大促进了气相色谱的应用和发展。目前已有几十种检测器，其中最常用的是氢火焰离子化检测器（FID）、热导检测器（TCD）、电子捕获检测器（ECD）、火焰光度检测器（FPD）和热离子化检测器（TID）等。

能力提升： 假如你是一个公司的仪器设备员，你会选择色谱仪的检测器吗？

常用检测器

（1）氢火焰离子化检测器　氢火焰离子化检测器（FID）简称氢焰检测器。它是以氢气和空气燃烧的火焰作为能源，利用烃类化合物在火焰中燃烧产生离子，在外加电场的作用下，使离子形成离子流，根据离子流产生的电信号强度，检测被色谱柱分离出的组分。它具有结构简单、灵敏度高、死体积小、响应快、稳定性好、对含碳有机化合物响应良好等优点，适合检测大多数的药物，是目前常用的检测器之一。但是某些物质，如永久性气体、水、一氧化碳、二氧化碳、氮的氧化物、硫化氢等不产生信号或者信号很弱。

（2）热导检测器　热导检测器（TCD）是根据被测组分与载气的热导率差异来检测组分的浓度变化。具有结构简单，性能稳定，线性范围宽，对无机物质、有机物质都有响应，样品不被破坏等优点。但灵敏度低，噪声大，实际应用较少。

通常载气与样品的热导率相差越大，灵敏度越高。常用载气的热导率大小顺序为 $H_2 > He > N_2$，而被测组分的热导率一般都比较小，因此在使用热导检测器时，为了提高灵敏度，一般选用 H_2 为载气。

（3）电子捕获检测器　电子捕获检测器（ECD）是利用电负性物质俘获电子的能力，通过测定电子流进行检测。ECD适用于检测具有电负性的物质，如含有卤素、硫、磷、氮的物质，且电负性越强，检测器灵敏度越高，主要用于含卤素药物的测定。目前已广泛用于有机氯和有机磷农药残留、金属配合物、金属有机多卤或多硫化物等的分析测定。

（4）火焰光度检测器　火焰光度检测器（FPD）又叫硫磷检测器。它是一种对含硫、磷的有机化合物具有高选择性和高灵敏度的检测器。检测器主要由火焰喷嘴、滤光片、光电倍增管构成。根据硫化合物、磷化合物在富氢火焰中燃烧时，生成化学发光物质，并能发射出特征频率的光，记录这些特征光谱，即可检测硫化合物、磷化合物。

分离条件的选择

在气相色谱中，除了要选择合适的固定液之外，还要选择分离时的最佳条件，以提高柱效能，增大分离度，满足分离的需要。

1. 载气及其线速的选择

根据 van Deemter 方程（1956 年由荷兰学者范第姆特提出）的数学简化式为：$H = A + B/u + Cu$。

最佳线速和最小板高可以通过 $H = A + B/u + Cu$ 进行微分后求得。当 u 值较小时，分子扩散项 B/u 将成为影响色谱峰扩张的主要因素，此时宜采用分子量较大的载气（N_2、Ar），以使组分在载气中有较小的扩散系数。另一方面，当 u 较大时传质项 Cu 将是主要控制因素，此时宜采用分子量较小，具有较大扩散系数的载气（H_2、He），以改善气相传质。

另外，选择载气时还应考虑与所用检测器相适应。使用氢火焰离子化检测器时，常采用氮气作载气，也可用氢气；使用热导检测器时，常采用氢气作载气。

2. 柱温的选择

柱温是一个重要的色谱操作参数，它直接影响分离效能和分析速度。柱温不能高于固定液的最高使用温度，否则会造成固定液大量挥发流失，但必须高于固定液的熔点。柱温选择的原则：在最难分离的组分得到较好分离，且保留时间适宜、峰形不拖尾的情况下，选择较低柱温。

降低柱温可使色谱柱的选择性增大，但柱温过低容易使组分在柱中发生冷凝，造成色谱峰变宽甚至不出峰现象；升高柱温可以缩短分析时间，并且可以改善气相和液相的传质速率，有利于提高效能，但柱温过高容易造成保留时间缩短，组分不能有效分离。在实际工作中，柱温一般选择在接近或略低于组分平均沸点时的温度，然后再根据实际分离情况进行调整。对于宽沸程混合物，宜采用程序升温法进行。

3. 柱长和内径的选择

由于分离度正比于柱长的平方根，所以增加柱长对分离是有利的。但增加柱长会使各组分的保留时间增加，延长分析时间。因此，在满足一定分离度的条件下，应尽可能使用较短的柱子。

增加色谱柱的内径，可以增加分离的样品量，但由于纵向扩散路径的增加，会使柱效降低。

4. 进样时间和进样量

进样速度必须很快，因为当进样时间太长时，试样原始宽度将变大，色谱峰半峰宽随之边宽，有时甚至使峰变形。一般地，进样时间应在 1s 以内。

色谱柱有效分离试样量，随柱内径、柱长及固定液用量不同而异。柱内径大，固定液用量大，可适当增加试样量。但进样量过大，会造成色谱柱超负荷，柱效急剧下降，峰形变宽，保留时间改变。理论上允许的最大进样量是使下降的塔板数不超过 10%。总之，最大允许的进样量，应控制在使峰面积和峰高与进样量呈线性关系的范围内。

5. 汽化温度的选择

汽化温度取决于试样的挥发性、沸点及进样量。通常选择试样沸点或稍高于试

分流进样

样沸点温度，以保证试样在极短的时间内快速、完全汽化。一般汽化温度比柱温高 20～70℃，不能超过沸点 50℃以上，以防止试样分解。理想的汽化室温度应通过实验得出。

6. 检测器温度的选择

检测器温度通常等于或稍高于柱温，一般可高于柱温 30～50℃，离子汽化室温度。检测器温度太高，将会产生湍流，不利于分离组分的正常检测；太低，可能导致分离组分在此冷凝，不利于检测。

定性分析方法

气相色谱定性分析就是鉴别试样中待测峰所代表的是何种组分。其色谱定性只能鉴定已知物，对未知物的定性，需要已知纯物质或有关色谱定性参考数据。近年来，随着气相色谱与质谱、红外光谱联用技术的发展，为未知试样的定性分析提供了新的手段。

1. 已知物对照法

（1）保留值定性法　在相同的操作条件下，分别测出已知物和未知试样的保留值，在未知试样色谱图中对应于已知物保留值的位置上若有峰出现，则判定试样可能含有此已知物成分，否则就不存在这种组分。

（2）峰高增量法　先测得未知物的色谱图。再将已知物加到未知试样中混合进样，若待定性组分峰比不加已知物时峰高相对增大，峰形不变，则表示原试样中可能含有该已知物的成分。该法适用于试样组分较复杂，不能确定是同一种物质时。

2. 相对保留值定性法

对于一些组分较简单的已知范围的混合物，在无已知物的情况下，可用此法定性。将所得各组分的相对保留时间与色谱手册数据对比定性。$r_{2,1}$ 的数值只决定于组分的性质、柱温与固定液的性质，与固定液的用量、柱长、流速及填充情况无关。

3. 两谱联用定性法

气相色谱对于多组分复杂混合物的分离效率很高，定性却很困难。红外吸收光谱、质谱及核磁共振谱等是鉴别未知结构的有力工具，却要求所分析的试样成分尽可能单一。因此把气相色谱法作为分离手段，把红外吸收光谱、质谱及核磁共振谱等作为鉴定工具，两者取长补短，这种方法称为两谱联用。

定量分析方法

气相色谱法对于多组分混合物既能分离，又能提供定量数据，迅速方便，定量精密度为 1%～2%。在实验条件恒定时，峰面积与组分的含量呈正比，因此可以利用峰面积定量，正常峰也可用峰高进行定量。

1. 定量校正因子

色谱的定量分析是基于被测物质的量与其峰面积呈正比的关系。但由于同一检测器对不同物质具有不同响应值，我们不能用峰面积直接计算物质的含量，要引入校正因子：$f_i = m_i/A_i$。

式中，f_i 称绝对校正因子，也就是单位峰面积所代表物质的质量。测定绝对校正因子需要准确知道进样量，这是比较困难的。在实际工作中，往往使用相对校正因子 f_i'，即为被测物质 i 和标准物质 s 的绝对校正因子之比：

$$f_i' = \frac{f_i}{f_s} = \frac{m_i/A_i}{m_s/A_s}$$

式中，下标 i、s 分别代表被测物和标准物质。

2. 定量方法

色谱定量分析方法分为面积归一化法、外标法、内标法、内标校正曲线和内标对比法等。

（1）面积归一化法（mormalligation mathed） 假设试样中有 n 个组分，每个组分的质量分别为 m_1、m_2、$\cdots$、m_n，各组分含量的总和 m 为 100%，其中组分 i 的含量 w_i 可按下式计算：

$$w_i = \frac{m_i}{m} \times 100\% = \frac{m_i}{m_1 + m_2 + \cdots + m_n} \times 100\%$$

$$= \frac{A_i f_i}{A_1 f_1 + A_2 f_2 + \cdots + A_n f_n} \times 100\%$$

若各组分的 f 值相近或相同，例如同系物中沸点接近的各组分，则上式可简化为：$w_i = \dfrac{A_i}{A_1 + A_2 + \cdots + A_i + \cdots + A_n} \times 100\%$

该法的优点是简便、定量结果与进样量无关、操作条件变化时对结果影响较小。缺点是要求在一个分析周期内混合物各组分都必须流出色谱柱，且在色谱图上显示色谱峰。

（2）外标法 是以对照品的量对比求算试样含量的方法。只要待测组分出峰、无干扰、保留时间适宜，即可用外标法进行定量分析。外标法可分为校正曲线法、外标一点法、外标两点法，常用外标一点法。

外标一点法的操作是用一种浓度的 i 组分的对照液进样，取峰面积的平均值，与试样液在相同条件下进样所得峰面积按下式计算含量：

$$含量（m_i） = (m_i)_s \times \frac{A_i}{(A_i)_s}$$

式中，m_i 与 A_i 分别代表试样中所含 i 组分的质量及相应的峰面积；$(m_i)_s$ 与 $(A_i)_s$ 分别代表对照液中所含 i 组分的质量及相应的峰面积。

外标法的优点是操作计算简便，不必用校正因子，不加内标物，应用广泛。分析结果的准确度主要取决于进样量的重复性和操作条件的稳定程度。

（3）内标法（internal stoundard methed） 当只需测定试样中某几个组分，而且试样中所有组分不能全都出峰时，可采用此法。

所谓内标法是将一定量的纯物质作为内标物，加到准确称取的试样中，根据被测物和内标物的质量及其在色谱图上相应的峰面积比，求出某组分的含量。例如要测定试样中组分 i（质量为 m_i）的含量 w_i，可于试样中加入质量为 m_s 的内标物，试样质量为 m，则：

$$m_i = f_i A_i \qquad m_s = f_s A_s$$

$$\frac{m_i}{m_s} = \frac{A_i f_i}{A_s f_s} = \frac{A_i'}{A_s} \times f_i'$$

$$m_i = \frac{A_i f_i}{A_s f_s} \times m_s = \frac{A_i'}{A_s} \times f_i' m_s$$

$$w_i = \frac{m_i}{m} \times 100\% = \frac{A_i f_i}{A_s f_s} \times \frac{m_s}{m} \times 100\% = \frac{A_i'}{A_s} \times f' \times \frac{m_s}{m} \times 100\%$$

由上式可知，本法是以待测组分和内标物的峰面积比求算试样含量的方法。内标法主要优点：由于操作条件变化而引起的误差，都将同时反映在内标物及预测组分上而得到抵消，所以可以得到较准确的结果。

项目评价

一、选择题

1. 在气-固色谱分析中，色谱柱内装入的固定相为（　　）。
A. 一般固体物质　　　B. 载体　　　　　C. 载体+固定液　　　D. 固体吸附剂
2. 气相色谱法常用的载气是（　　）。
A. N_2　　　　　　　B. H_2　　　　　　C. O_2　　　　　　　D. He

二、填空题

1. 气相色谱常用的检测器有_____、_____、_____和_____。
2. 气相色谱仪由如下五个系统构成：_____、_____、_____、_____和_____。

三、简答题

1. 气相色谱定性的依据是什么？主要有哪些定性方法？
2. 如何选择气液色谱固定液？
3. 气相色谱定量的依据是什么？为什么要引入定量校正因子？有哪些主要的定量方法？各适于什么情况？
4. 在气固色谱中，简述载体的种类、对载体的要求及常见载体的处理方法。

四、计算题

1. 对只含有乙醇、正庚烷、苯和乙酸乙酯的某化合物进行色谱分析，其测定数据如下：

化合物	乙醇	正庚烷	苯	乙酸乙酯
A_i/cm^2	5.0	9.0	4.0	7.0
f_i	0.64	0.70	0.78	0.79

计算各组分的质量分数。

2. 用甲醇作内标，称取 0.0573g 甲醇和 5.8690g 环氧丙烷试样，混合后进行色谱分析，测得甲醇和水的峰面积分别为 164mm^2 和 186mm^2，校正因子分别为 0.59 和 0.56。计算环氧丙烷中水的含量。

项目四
高效液相色谱法

任务1 高效液相色谱法鉴别甲硝唑

工作任务

色谱条件与系统适用性试验 用十八烷基硅烷键合硅胶为填充剂；以甲醇-水（20∶80）为流动相；检测波长为320nm。理论板数按甲硝唑峰计算，不低于2000。

测定法 取本品20片，精密称定，研细，精密称取细粉适量（约相当于甲硝唑0.25g），置于50mL容量瓶中，加50%甲醇适量，振摇使甲硝唑溶解，用50%甲醇稀释至刻度，摇匀，滤过，精密量取续滤液5mL，置于100mL容量瓶中，用流动相稀释至刻度，摇匀，作为供试品溶液，精密量取10mL，注入液相色谱仪，记录色谱图；另取甲硝唑对照品适量，精密称定，加流动相溶解并定量稀释制成每1mL中约含0.25mg的溶液，同法测定。供试品溶液主峰的保留时间应与对照品溶液主峰的保留时间一致。

任务目标

（1）素养 具备标准意识、规范意识、实事求是、精益求精的工匠精神。

（2）知识 掌握高相液相色谱法的基本原理；掌握高效液相色谱仪的构造和工作原理。

（3）技能 能熟练操作高效液相色谱仪；能熟练进行色谱法鉴别操作，正确记录并判断结果。

任务实施

1. 分析任务，设计流程

开机、仪器预热→流动相配制→配制样品溶解溶液→安装色谱柱→更换流动相→流动相平衡→配制样品及对照溶液的制备及处理→设置参数建立方法→进样→数据处理→结果判断→甲醇冲洗色谱柱→关机。

2. 任务准备

高效液相色谱仪、色谱柱、分析天平、甲硝唑、甲硝唑片、50mL容量瓶2个、

100mL 容量瓶 2 个、5mL 移液管 1 支、无油隔膜泵、滤器、500mL 量筒 1 个、色谱级甲醇、超纯水、超声仪、100mL 锥形瓶 1 个、1000mL 烧杯 1 个、漏斗 1 个、滤纸、滤纸条、研钵、手套等。

3. 操作要点

（1）打开仪器（详见高效液相色谱仪使用说明）。

（2）流动相配制　分别用量筒量取色谱级甲醇 200mL 和水 800mL 置于 1000mL 烧杯中，用玻璃棒搅拌均匀，选择有机膜放在滤器中，将少量配制好的流动相倒入，连接滤器与无油隔膜泵软管，打开无油隔膜泵电源，润洗滤器，滤液全部进入下部滤瓶中，断开连接滤器与无油隔膜泵软管，关闭电源，将滤器的滤瓶取下，滤瓶中溶液倒入流动相瓶，润洗流动相瓶，将润洗溶液重新倒入组装好的滤器中，重复上述操作 2 次，滤瓶与流动相瓶润洗完全后，弃掉润洗溶液，将剩余流动相倒入滤器中过滤，全部过滤完毕，倒入流动相瓶，流动相瓶加塞（不可拧紧）超声脱气 10～20min，取出备用。

（3）配制样品溶解溶液　流动相超声等待时间，可分别量取色谱甲醇与水各 100mL，混合，备用。

（4）安装色谱柱　将色谱柱按流动相流动方向安装好（色谱柱上有箭头标识色谱柱的安装方向）。

（5）更换流动相　将高效液相色谱仪流动相管路的滤头从上一溶液中取出，放入超声脱气完的流动相中（注意滤头一定要放到瓶底）。

（6）流动相平衡　将机器上的"purge"阀（机器高压泵模块上的凸起黑色旋钮）逆时针旋转半圈，按"pump"按键或点击电脑软件中的"泵开/关"将泵电源打开，在软件参数设置区域设置泵 A 流速为"5"mL/min，点击软件中间最右侧"下载"将命令发送至仪器，等待 3min，观察流动相管路无气泡时，将流速改为"0"mL/min，点击"下载"将命令发送至仪器，将机器上的"purge"阀（机器高压泵模块上的凸起黑色旋钮）顺时针旋拧紧，将流速调至"1"mL/min，等待 30min。

（7）样品溶液配制　取本品约 20 片，称量 20 片的质量，记录数值，将 20 片放入研钵中，研细，准确称量上述细粉置于 50mL 容量瓶中，加 50% 甲醇振摇溶解并稀释至刻度，摇匀；用滤纸过滤（滤纸不必润湿），刚开始过滤出来的 3～5mL 弃掉（此过程称为弃初滤液），继续过滤，滤液称为续滤液，精密量取续滤液 5mL 置于 100mL 容量瓶中，加流动相溶解并稀释至刻度，摇匀，作为供试品溶液。

对照溶液配制　准确称量甲硝唑约 0.25g 置于 50mL 容量瓶中，加 50% 甲醇振摇溶解并稀释至刻度，摇匀；精密量取上述溶液 5mL 置于 100mL 容量瓶中，加流动相溶解并稀释至刻度，摇匀，作为对照溶液。

取 1 只针管，弃掉针头，将柱塞杆拉出，针头式过滤器安装到针管上，将供试品溶液倒入针管中，将柱塞杆重新装入，推动柱塞，弃初滤液，将续滤液打入液相小瓶中（装入小瓶体积 1/3～2/3）拧紧瓶盖；同法处理对照溶液。

（8）设置参数建立方法　按照【含量测定】方法设置参数，流速 1.0mL/min，检测波长 320nm，进样体积 10μL 等（详见高效液相色谱仪使用说明）。

（9）将液相小瓶分别放入自动进样器样品盘中，记录样品瓶号，建立序列，点击批处理开始进行分析。

（10）数据处理　点击助手栏"数据处理"查阅相应保留时间。

（11）比较保留时间是否一致。

（12）甲醇冲洗色谱柱　按步骤（5）将流动相更换为过滤脱气好的色谱甲醇中，按（6）操作用甲醇将色谱柱平衡好。

（13）关机　关闭电源开关。

4. 实验结果

对照溶液主峰保留时间 t_R 为_____；供试品溶液主峰保留时间 t_R 为_____。

5. 结果判断

标准规定：供试品溶液主峰的保留时间应与对照品溶液主峰的保留时间一致。

结论：□符合规定　　□不符合规定

必备知识

色谱鉴定法是利用色谱定性参数保留时间（或保留体积）和相对保留值或用已知物对照法对组分进行鉴别分析，其原理是同一物质在相同的色谱条件下保留时间相同。此法只能对范围已知的化合物进行定性。

总结提高

（1）学会进行流动相配制比例计算，色谱柱安装方向正确，排气时"purge"阀一定要"先开后关"。

（2）操作结束后，使用甲醇保存色谱柱，如流动相为缓冲盐溶液，需要有中间过渡溶液进行逐渐替换。

巩固练习

自主练习布洛芬片的鉴别,根据评价表完成自我评定,上传学习平台。

 任务评价

高效液相色谱法鉴别任务评价表

班级:_____ 姓名:_____ 学号:_____

序号	任务要求	配分/分	得分/分
1	制定工作方案	5	
2	准备仪器、药品	5	
3	溶液的配制	10	
4	色谱柱的安装	5	
5	流动相配制、脱气	15	
6	更换流动相、排气、平衡色谱柱	20	
7	高效液相色谱仪使用	20	
8	正确判断结果	5	
9	结束后清场	5	
10	态度认真、操作规范有序	10	
	总分	100	

操作指南
1. 色谱柱使用说明
2. 流动相配制
3. LC-20A 高效液相色谱仪的使用

模块二 色谱分析技术

工作报告

班级：　　　　　　姓名：　　　　　　学号：　　　　　　成绩：

工作任务	
任务目标	
任务准备	
任务实施	
注意事项	
学习反思	

任务2　面积归一化法测定甲硝唑含量

工作任务

【含量测定】照高效液相色谱法（通则0512）测定。

色谱条件与系统适用性试验用十八烷基硅烷键合硅胶为填充剂；以甲醇-水（20∶80）为流动相；检测波长为315nm。理论板数按甲硝唑峰计算不低于2000。

取供试品约100mg，置于100mL容量瓶中，加甲醇溶解并稀释至刻度，摇匀，精密量取适量，用流动相定量稀释制成每1mL中含0.2mg供试品的溶液，作为供试品溶液；精密量取供试品溶液20μL，注入液相色谱仪，记录色谱图至主成分峰保留时间的2倍。按面积归一化法计算，供试品溶液主峰不得少于99.0%。

任务目标

（1）素养　具备标准意识、规范意识、实事求是、精益求精的工匠精神。

（2）知识　掌握高相液相色谱法的基本原理；掌握高效液相色谱仪的构造和工作原理；掌握面积归一化法的原理。

（3）技能　能熟练操作高效液相色谱仪；能熟练进行色谱法鉴别操作，正确记录并判断结果。

任务实施

1. 分析任务，设计流程

开机、仪器预热→流动相配制→安装色谱柱→更换流动相→流动相平衡→样品配制及处理→设置参数建立方法→进样→数据处理→结果判断→甲醇冲洗色谱柱→关机。

2. 任务准备

高效液相色谱仪、色谱柱、分析天平、甲硝唑、50mL容量瓶1个、100mL容量瓶1个、10mL移液管1支、无油隔膜泵、滤器、500mL量筒1个、色谱纯甲醇、超纯水、超声仪、100mL锥形瓶、1000mL烧杯1个、滤纸条、手套等。

3. 操作要点

（1）打开仪器（详见高效液相色谱仪使用说明）。

（2）流动相配制　分别用量筒量取色谱甲醇100mL和水400mL置1000mL烧杯中，用玻璃棒搅拌均匀，选择有机膜放在滤器中，将少量配制好的流动相倒入，连接滤器与无油隔膜泵软管，打开无油隔膜泵电源，润洗滤器，滤液全部进入下部滤瓶中，断开连接滤器与无油隔膜泵软管，关闭电源，将滤器的滤瓶取下，滤瓶中溶液倒入流动相瓶，润洗流动相瓶，将润洗溶液重新倒入组装好的滤器中，重复上述操作 2 次，滤瓶与流动相瓶润洗完全后，弃掉润洗溶液，将剩余流动相倒入滤器中过滤，全部过滤完毕，倒入流动相瓶，流动相瓶加塞（不可拧紧）超声脱气 10～20min，取出备用。

（3）安装色谱柱　将色谱柱按流动相流动方向安装好（色谱柱上有箭头标识色谱柱的安装方向）。

（4）更换流动相　将高效液相色谱仪流动相管路的滤头从上一溶液中取出，放入超声脱气完的流动相中（注意滤头一定要放到瓶底）。

（5）流动相平衡　将机器上的"purge"阀（机器高压泵模块上的凸起黑色旋钮）逆时针旋转半圈，按"pump"按键或点击电脑软件中的"泵开/关"将泵电源打开，在软件参数设置区域设置泵 A 流速为"5"mL/min，点击软件中间最右侧"下载"将命令发送至仪器，等待 3min，观察流动相管路无气泡时，将流速改为"0"mL/min，点击"下载"将命令发送至仪器，将机器上的"purge"阀（机器高压泵模块上的凸起黑色旋钮）顺时针旋拧紧，将流速调至"1"mL/min，等待 30min。

（6）样品溶液配制　准确称量甲硝唑约 0.1g 置于 100mL 容量瓶中，加甲醇振摇溶解并稀释至刻度，摇匀；精密量取上述溶液 10mL 置于 50mL 容量瓶中，加流动相溶解并稀释至刻度，摇匀，作为供试品溶液。

取 1 只针管，弃掉针头，将柱塞杆拉出，针头式过滤器安装到针管上，将供试品溶液倒入针管中，将柱塞杆重新装入，推动柱塞，弃初滤液，将续滤液打入液相小瓶中（装入小瓶体积 1/3～2/3）拧紧瓶盖。

（7）设置参数建立方法　按照【含量测定】方法，设置参数，流速 1.0mL/min，检测波长 315nm，进样体积 20μL 等（详见高效液相色谱仪使用说明）。

（8）将液相小瓶放入自动进样器样品盘中，记录样品瓶号，点击"单次分析"输入相应内容，点击"确定"进行分析。

（9）数据处理　点击助手栏"数据处理"查阅面积百分比。

（10）比较保留时间是否一致。

（11）甲醇冲洗色谱柱　按步骤（4）将流动相更换为过滤脱气好的色谱甲醇中，按步骤（5）操作用甲醇将色谱柱平衡好。

（12）关机　关闭电源开关。

4. 实验结果

供试品溶液主峰保留时间 t_R 为_____。

按面积归一化法计算，供试品溶液主峰含量为_____。

5. 结果判断

标准规定：按面积归一化法计算，供试品溶液主峰不得少于 99.0%。

结论：□符合规定　□不符合规定

必备知识

（1）面积归一化法。假设试样中有 n 个组分，每个组分的质量分别为 m_1、m_2、$\cdots$、m_n，各组分含量的总和 m 为 100%，其中组分 i 的含量 w_i 可按下式计算：

$$w_i = \frac{m_i}{m} \times 100\% = \frac{m_i}{m_1 + m_2 + \cdots + m_n} \times 100\%$$

$$= \frac{A_i f_i}{A_1 f_1 + A_2 f_2 + \cdots + A_n f_n} \times 100\%$$

（2）归一化法定量比较准确，进样量和定量结果无关，仪器及条件有所变动对结果影响不大，特别适用于进样量小而且体积不易准确测量的试样。本方法要求物质各组分都已知，且都能出峰，引用各组分的相对校正因子即可求得各组分含量。

总结提高

（1）面积百分比法是将相对校正因子视为 1，即含量只等于样品中各待测组分面积与总面积之比；而归一化法是要先求出待测组分的校正因子，即校正因子不视为 1。

（2）面积归一化法适用于大部分的中间体、化工品的检查，原料药及制剂多采用外标法进行含量测定。

巩固练习

自主练习使用面积归一化法测定盐酸哌唑嗪的含量,根据评价表完成自我评定,上传学习平台。

 任务评价

面积归一化法任务评价表

班级:_____   姓名:_____   学号:_____

序号	任务要求	配分/分	得分/分
1	制定工作方案	5	
2	准备仪器、药品	5	
3	溶液的配制	10	
4	色谱柱的安装	5	
5	流动相配制、脱气	15	
6	更换流动相、排气、平衡色谱柱	20	
7	高效液相色谱仪使用	20	
8	正确判断结果	5	
9	结束后清场	5	
10	态度认真、操作规范有序	10	
	总分	100	

工作报告

班级：　　　　　姓名：　　　　　学号：　　　　　成绩：

工作任务	
任务目标	
任务准备	
任务实施	
注意事项	
学习反思	

任务3 外标一点法测定甲硝唑含量

工作任务

【含量测定】照高效液相色谱法(《中国药典》2020年版四部通则0512)测定。

色谱条件与系统适用性试验用十八烷基硅烷键合硅胶为填充剂；以甲醇-水(20:80)为流动相；检测波长为320nm。理论板数按甲硝唑峰计算不低于2000。

测定法：取供试品20片，精密称定，研细，精密称取细粉适量（约相当于甲硝唑0.25g），置于50mL容量瓶中，加50%甲醇适量，振摇使甲硝唑溶解，用50%甲醇稀释至刻度，摇匀，滤过，精密量取续滤液5mL，置于100mL容量瓶中，用流动相稀释至刻度，摇匀，作为供试品溶液，精密量取10mL，注入液相色谱仪，记录色谱图；另取甲硝唑对照品适量，精密称定，加流动相溶解并定量稀释制成每1mL中约含0.25mg的溶液，同法测定；按外标法以峰面积计算，即得。本品含甲硝唑（$C_6H_9N_3O_3$）应为标示量的93.0%～107.0%。

任务目标

（1）素养 具备标准意识、规范意识、实事求是、精益求精的工匠精神。

（2）知识 掌握高相液相色谱法的基本原理；掌握高效液相色谱仪的构造和工作原理；掌握外标一点法的原理。

（3）技能 能熟练操作高效液相色谱仪；能熟练进行色谱法鉴别操作，正确记录并判断结果。

任务实施

1. 分析任务，设计流程

开机、仪器预热→流动相配制→配制样品溶解溶液→安装色谱柱→更换流动相→流动相平衡→配制样品及对照溶液的制备及处理→设置参数建立方法→进样→数据处理→结果判断→甲醇冲洗色谱柱→关机。

2. 任务准备

高效液相色谱仪、色谱柱、分析天平、甲硝唑、甲硝唑片、50mL容量瓶4个、100mL容量瓶4个、5mL移液管1支、无油隔膜泵、滤器、500mL量筒1个、色谱纯甲醇、超纯水、超声仪、100mL锥形瓶、1000mL烧杯1个、漏斗4个、滤纸、滤纸条、研钵、手套等。

3. 操作要点

（1）打开仪器（详见高效液相色谱仪使用说明）。

模块二 色谱分析技术

（2）流动相配制　分别用量筒量取色谱纯甲醇 200mL 和水 800mL 置于 1000mL 烧杯中，用玻璃棒搅拌均匀，选择有机膜放在滤器中，将少量配制好的流动相倒入，连接滤器与无油隔膜泵软管，打开无油隔膜泵电源，润洗滤器，滤液全部进入下部滤瓶中，断开连接滤器与无油隔膜泵软管，关闭电源，将滤器的滤瓶取下，滤瓶中溶液倒入流动相瓶，润洗流动相瓶，将润洗溶液重新倒入组装好的滤器中，重复上述操作 2 次，滤瓶与流动相瓶润洗完全后，弃掉润洗溶液，将剩余流动相倒入滤器中过滤，全部过滤完毕，倒入流动相瓶，流动相瓶加塞（不可拧紧）超声脱气 10～20min，取出备用。

（3）配制样品溶解溶液　流动相超声等待时间，可分别量取色谱纯甲醇与水各 100mL，混合，备用。

（4）安装色谱柱　将色谱柱按流动相流动方向安装好，色谱柱上有箭头标识色谱柱的安装方向。

（5）更换流动相　将高效液相色谱仪流动相管路的滤头从上一溶液中取出，放入超声脱气完的流动相中（注意滤头一定要放到瓶底）。

（6）流动相平衡　将机器上的"purge"阀（机器高压泵模块上的凸起黑色旋钮）逆时针旋转半圈，按"pump"按键或点击电脑软件中的"泵开/关"将泵电源打开，在软件参数设置区域设置泵 A 流速为"5"mL/min，点击软件中间最右侧"下载"将命令发送至仪器，等待 3min，观察流动相管路无气泡，将流速改为"0"mL/min，点击"下载"将命令发送至仪器，将机器上的"purge"阀（机器高压泵模块上的凸起黑色旋钮）顺时针旋拧紧，将流速调至"1"mL/min，等待 30min。

（7）样品溶液配制　取本品约 20 片，称量 20 片的质量，记录数值，将 20 片放入研钵中，研细，准确称量上述细粉，置于 50mL 容量瓶中，加 50% 甲醇至约占容量瓶体积 2/3，振摇溶解并稀释至刻度，摇匀；用滤纸过滤（滤纸不必润湿），刚开始过滤出来的 3～5mL 弃掉（此过程称为弃初滤液），继续过滤，滤液称为续滤液，精密量取续滤液 5mL 置于 100mL 容量瓶中，加流动相溶解并稀释至刻度，摇匀，作为供试品溶液。平行配制 2 份。

（8）对照溶液配制　准确称量甲硝唑工作对照品约 0.25g 置于 50mL 容量瓶中，加 50% 甲醇至约占容量瓶体积 2/3，振摇溶解并稀释至刻度，摇匀；精密量取上述溶液 5mL 置于 100mL 容量瓶中，加流动相溶解并稀释至刻度，摇匀，作为对照溶液。平行配制 2 份。

取 1 只针管，弃掉针头，将柱塞杆拉出，针头式过滤器安装到针管上，将供试品溶液倒入针管中，将柱塞杆重新装入，推动柱塞，弃初滤液，将续滤液打入液相小瓶中（装入小瓶体积 1/3～2/3）拧紧瓶盖；同法处理其他溶液。

（9）设置参数建立方法　按照【含量测定】方法，设置参数，流速 1.0mL/min，检测波长 320nm，进样体积 10μL 等（详见高效液相色谱仪使用说明）。

（10）将液相小瓶分别放入自动进样器样品盘中，记录样品瓶号，建立序列，点击批处理开始进行分析。对照溶液第一份进样 5 次，第二份进样 2 次，样品溶液每个进样 2 次。

（11）数据处理　点击助手栏"数据处理"查阅相应峰面积。

（12）比较保留时间是否一致。

（13）甲醇冲洗色谱柱　按（5）将流动相更换为过滤脱气好的色谱级甲醇中，按（6）操作用甲醇将色谱柱平衡好。

（14）关机　关闭电源开关。

4. 实验结果

记录数据：

$W_{对}$/g	$A_{对}$	保留时间/min	理论塔板数	$A_{对}$（平均）	RSD/%

20片/g	$W_{样}$/g	$A_{样}$	$A_{样}$（平均）	含量/%	R_d/%	平均含量/%

计算公式：

$$含量(\%) = \frac{\frac{A_{样}}{A_{对}} \times c_{对} D V}{W_{样}} \times \frac{平均片重}{标示量} \times 100\%$$

c 对：对照溶液浓度；D：稀释倍数；V：初次溶解样品体积。

标示量：0.2g

数据带入：

5. 结果判断

标准规定：本品含甲硝唑（$C_6H_9N_3O_3$）应为标示量的 93.0%～107.0%。

结论：□符合规定　□不符合规定

必备知识

外标一点法可采用峰高和峰面积定量，现多用峰面积定量。优点：不需要校正因子，适合测定大批量样品；缺点：对操作条件的稳定性和进样量的重现性要求较高。

总结提高

（1）为了保证定量分析的准确性和重现性，色谱系统应达到一定的要求。《中国药典》（2020年版）规定了系统适用性试验的内容包括理论塔板数、分离度、拖尾因子、重复性。

（2）系统适用性试验。按各品种项下要求对仪器进行适用性试验，即用规定的对照品对仪器进行试验和调整，应达到规定的要求；或规定分析状态下色谱柱的最小理论板数、分离度、重复性和拖尾因子。

巩固练习

自主练习使用外标一点法测定维生素 B_6 的含量,根据评价表完成自我评定,上传学习平台。

 任务评价

外标一点法任务评价表

班级:_____ 姓名:_____ 学号:_____

序号	任务要求	配分/分	得分/分
1	制定工作方案	5	
2	准备仪器、药品	5	
3	溶液的配制	10	
4	色谱柱的安装	5	
5	流动相配制、脱气	15	
6	更换流动相、排气、平衡色谱柱	20	
7	高效液相色谱仪使用	20	
8	正确判断结果	5	
9	结束后清场	5	
10	态度认真、操作规范有序	10	
	总分	100	

工作报告

班级：　　　　　姓名：　　　　　学号：　　　　　成绩：

工作任务	
任务目标	
任务准备	
任务实施	
注意事项	
学习反思	

任务4 高效液相色谱法测定头孢氨苄胶囊含量

工作任务

【含量测定】照高效液相色谱法（《中国药典》2020年版四部通则0512）测定。

色谱条件与系统适用性试验用十八烷基硅烷键合硅胶为填充剂；以水-甲醇-3.86%醋酸钠溶液-4%醋酸溶液（742∶240∶15∶3）为流动相；检测波长为254nm。取供试品溶液适量，在80℃水浴中加热60min，冷却，取20μL注入液相色谱仪，记录色谱图，头孢氨苄峰与相邻杂质峰间的分离度应符合要求。

取装量差异项下的内容物，混合均匀，精密称取适量（约相当于头孢氨苄按$C_{16}H_{17}N_3O_4S$计0.1g），置于100mL容量瓶中，加流动相适量，充分振摇，使头孢氨苄溶解，再用流动相稀释至刻度，摇匀，滤过，精密量取续滤液10mL，置于50mL容量瓶中，用流动相稀释至刻度，摇匀，作为供试品溶液，另取头孢氨苄对照品适量，同法测定。按外标法以峰面积计算，即得。

任务目标

（1）素养　具备标准意识、规范意识、实事求是、精益求精的工匠精神。

（2）知识　掌握高相液相色谱法的基本原理；掌握高效液相色谱仪的构造和工作原理；掌握外标一点法的原理；掌握胶囊的含量测定方法。

（3）技能　能熟练操作高效液相色谱仪；能熟练进行色谱法鉴别操作，正确记录并判断结果。

任务实施

1. 分析任务，设计流程

开机、仪器预热→流动相配制→安装色谱柱→更换流动相→流动相平衡→配制样品及对照溶液的制备及处理→系统适用性溶液的配制→设置参数建立方法→进样→数据处理→结果判断→甲醇冲洗色谱柱→关机。

2. 任务准备

高效液相色谱仪、色谱柱、分析天平、头孢氨苄、头孢氨苄胶囊、50mL容量瓶4个、100mL容量瓶4个、10mL移液管1支、无油隔膜泵、滤器、500mL量筒1个、色谱甲醇、超纯水、超声仪、100mL锥形瓶、1000mL烧杯1个、漏斗4个、滤纸、滤纸条、研钵、手套等。

3. 操作要点

（1）打开仪器（详见高效液相色谱仪使用说明）。

(2）流动相配制

3.86% 醋酸钠溶液配制：准确称取醋酸钠 3.86g 加水 100mL，超声溶解，混匀。

4% 醋酸溶液配制：准确移取醋酸 4mL 置于 100mL 容量瓶中加水至刻度，摇匀。

分别用量筒量取色谱级甲醇 240mL、水 742mL、3.86% 醋酸钠溶液 15mL、4% 醋酸溶液 3mL 置于 1000mL 烧杯中，用玻璃棒搅拌均匀，选择有机膜放在滤器中，将少量配制好的流动相倒入，连接滤器与无油隔膜泵软管，打开无油隔膜泵电源，润洗滤器，滤液全部进入下部滤瓶中，断开连接滤器与无油隔膜泵软管，关闭电源，将滤器的滤瓶取下，滤瓶中溶液倒入流动相瓶，润洗流动相瓶，将润洗溶液重新倒入组装好的滤器中，重复上述操作 2 次，滤瓶与流动相瓶润洗完全后，弃掉润洗溶液，将剩余流动相倒入滤器中过滤，全部过滤完毕，倒入流动相瓶，流动相瓶加塞（不可拧紧）超声脱气 10～20min，取出备用。

（3）安装色谱柱　将色谱柱按流动相流动方向安装好（色谱柱上有箭头标识色谱柱的安装方向）。

（4）用过渡流动相平衡色谱柱　将高效液相色谱仪流动相管路的滤头从上一溶液中取出，放入经超声脱气的 10% 甲醇中（注意滤头一定要放到瓶底）。

（5）过渡流动相平衡　将机器上的"purge"阀（机器高压泵模块上的凸起黑色旋钮）逆时针旋转半圈，按"pump"按键或点击电脑软件中的"泵开/关"将泵电源打开，在软件参数设置区域设置泵 A 流速为"5"mL/min，点击软件中间最右侧"下载"将命令发送至仪器，等待 3min，观察流动相管路无气泡，将流速改为"0"mL/min，点击"下载"将命令发送至仪器，将机器上的"purge"阀（机器高压泵模块上的凸起黑色旋钮）顺时针旋拧紧，将流速调至"1"mL/min，等待 30min。

（6）更换流动相　将高效液相色谱仪流动相管路的滤头从上一溶液中取出，放入超声脱气完的流动相中。

（7）流动相平衡　将机器上的"purge"阀（机器高压泵模块上的凸起黑色旋钮）逆时针旋转半圈，按"pump"按键或点击电脑软件中的"泵开/关"将泵电源打开，在软件参数设置区域设置泵 A 流速为"5"mL/min，点击软件中间最右侧"下载"将命令发送至仪器，等待 3min，观察流动相管路无气泡，将流速改为"0"mL/min，点击"下载"将命令发送至仪器，将机器上的"purge"阀（机器高压泵模块上的凸起黑色旋钮）顺时针旋拧紧，将流速调至"1"mL/min，等待 30min。

（8）样品溶液配制　准确称量胶囊的内容物置于 100mL 容量瓶中，加流动相至约占容量瓶体积 2/3，振摇溶解并稀释至刻度，摇匀；用滤纸过滤（滤纸不必润湿），刚开始过滤出来的 3～5mL 弃掉（此过程称为弃初滤液），继续过滤，滤液称为续滤液，精密量取续滤液 10mL 置于 50mL 容量瓶中，加流动相溶解并稀释至刻度，摇匀，作为供试品溶液。平行配制 2 份。

对照溶液配制　准确称量头孢氨苄工作对照品约 0.1g 置于 100mL 容量瓶中，加流动相至约占容量瓶体积 2/3，振摇溶解并稀释至刻度，摇匀；精密量取上述溶液 10mL 置于 50mL 容量瓶中，加流动相溶解并稀释至刻度，摇匀，作为对照溶液。

平行配制 2 份。

取 1 只针管，弃掉针头，将柱塞杆拉出，针头式过滤器安装到针管上，将供试品溶液倒入针管中，将柱塞杆重新装入，推动柱塞，弃初滤液，将续滤液打入液相小瓶中（装入小瓶体积 1/3～2/3）拧紧瓶盖，同法处理其他溶液。

（9）系统适用性溶液的配制　取供试品溶液适量，在 80℃水浴中加热 60min，冷却，即得。

（10）设置参数建立方法　按照【含量测定】方法设置参数，流速 1.0mL/min，检测波长 254nm，进样体积 10μL 等（详见高效液相色谱仪使用说明）。

（11）将液相小瓶分别放入自动进样器样品盘中，记录样品瓶号，建立序列，点击批处理开始进行分析。对照溶液第一份进样 5 次，第二份进样 2 次，样品溶液每个进样 2 次。

（12）数据处理　点击助手栏"数据处理"查阅相应峰面积。

（13）比较保留时间是否一致。

（14）冲洗色谱柱　按（4）、（5）将流动相更换为经过滤脱气的 10% 色谱级甲醇冲洗色谱柱，再用同样方法更换色谱级甲醇冲洗色谱柱。

（15）关机　关闭电源开关。

4. 实验结果

主峰与相邻峰的分离度为_____、_____。

记录数据：

$W_{对}$/g	$A_{对}$	保留时间 /min	理论塔板数	$A_{对}$（平均）	RSD/%

20 粒内容物总重 /g	$W_{样}$/g	$A_{样}$	$A_{样}$（平均）	含量 /%	R_d/%	平均含量 /%

计算公式：

$$含量（\%）= \frac{\frac{A_{样}}{A_{对}} \times c_{对} DV}{W_{样}} \times \frac{平均内容物重}{标示量} \times 100\%$$

$c_{对}$：对照溶液浓度；D：稀释倍数；V：初次溶解样品体积。

数据带入：

5. 结果判断

标准规定：本品含头孢氨苄（$C_{16}H_{17}N_3O_4S$）应为标示量的 90.0% ～ 110.0%。

结论：□符合规定　□不符合规定

必备知识

分析完毕后，先关检测器和数据处理机，再用适当经滤过和脱气的溶剂清洗色谱系统，反相柱如使用过含盐流动相，则先用水冲洗，然后再用甲醇冲洗，各溶剂一般冲洗 15 ～ 30min，特殊情况应延长冲洗时间。

总结提高

（1）胶囊平均装量的测定需要用每一粒胶囊的质量减去对应胶囊壳的质量。

（2）因为使用的流动相含有醋酸钠，所以，在平衡色谱柱时需要用 10% 甲醇进行过渡。

巩固练习

自主练习使用面积归一化法测定布洛芬胶囊的含量测定,根据评价表完成自我评定,上传学习平台。

 任务评价

色谱鉴别任务评价表

班级:_____   姓名:_____   学号:_____

序号	任务要求	配分/分	得分/分
1	制定工作方案	5	
2	准备仪器、药品	5	
3	溶液的配制	10	
4	色谱柱的安装	5	
5	流动相配置、脱气	15	
6	更换流动相、排气、平衡色谱柱	20	
7	高效液相色谱仪使用	20	
8	正确判断结果	5	
9	结束后清场	5	
10	态度认真、操作规范有序	10	
	总分	100	

工作报告

班级:　　　　姓名:　　　　学号:　　　　成绩:

工作任务	
任务目标	
任务准备	
任务实施	
注意事项	
学习反思	

任务5　甲硝唑的有关物质检测

 工作任务

【含量测定】照高效液相色谱法（通则0512）测定。

色谱条件与系统适用性试验用十八烷基硅烷键合硅胶为填充剂；以甲醇-水（20∶80）为流动相；检测波长为315nm。理论板数按甲硝唑峰计算不低于2000。

取本品约100mg，置于100mL容量瓶中，加甲醇溶解并稀释至刻度，摇匀，精密量取适量，用流动相定量稀释制成每1mL中含0.2mg的溶液，作为供试品溶液；精密量取供试品溶液2mL，置于100mL容量瓶中，用流动相稀释至刻度，摇匀，精密量取5mL，置于50mL容量瓶中，用流动相稀释至刻度，摇匀，作为对照溶液。精密量取供试品溶液20μL，注入液相色谱仪，记录色谱图至主成分峰保留时间的2倍。供试品溶液的色谱图中单个杂质不得大于对照溶液中甲硝唑峰面积的0.5倍（0.1%），各杂质峰面积的和不得大于对照溶液中甲硝唑峰面积（0.2%）。

 任务目标

（1）**素养**　具备标准意识、规范意识、实事求是、精益求精的工匠精神。

（2）**知识**　掌握高效液相色谱法的基本原理；掌握高效液相色谱仪的构造和工作原理；掌握自身对照法进行杂质检测的原理。

（3）**技能**　能熟练操作高效液相色谱仪；能熟练进行色谱法杂质检测操作，正确记录并判断结果。

 任务实施

1. 分析任务，设计流程

开机、仪器预热→流动相配制→安装色谱柱→更换流动相→流动相平衡→供试品溶液与对照溶液配制及处理→设置参数建立方法→进样→数据处理→结果判断→甲醇冲洗色谱柱→关机。

2. 任务准备

高效液相色谱仪，色谱柱，分析天平，甲硝唑，50mL容量瓶2个，100mL容量瓶2个，2mL、5mL、10mL移液管各1支，无油隔膜泵，滤器，500mL量筒1个，色谱级甲醇，超纯水，超声仪，1000mL烧杯1个，滤纸条，手套等。

3. 操作要点

（1）打开仪器（详见高效液相色谱仪使用说明书）。

（2）流动相配制　分别用量筒量取色谱级甲醇100mL和水400mL置于1000mL烧杯中，用玻璃棒搅拌均匀，选择有机膜放在滤器中，将少量配制好的流动相倒入，连接滤器与无油隔膜泵软管，打开无油隔膜泵电源，润洗滤器，滤液全部进入下部滤瓶中，断开连接滤器与无油隔膜泵软管，关闭电源，将滤器的滤瓶取下，滤瓶中溶液倒入流动相瓶，润洗流动相瓶，将润洗溶液重新倒入组装好的滤器中，重复上述操作2次，滤瓶与流动相瓶润洗完全后，弃掉润洗溶液，将剩余流动相倒入滤器中过滤，全部过滤完毕，倒入流动相瓶，流动相瓶加塞（不可拧紧）超声脱气10～20min，取出备用。

（3）安装色谱柱　将色谱柱按流动相流动方向安装好（色谱柱上有箭头标识色谱柱的安装方向）。

（4）更换流动相　将高效液相色谱仪流动相管路的滤头从上一溶液中取出，放入经过滤脱气的流动相中（注意滤头一定要放到瓶底）。

（5）流动相平衡　将机器上的"purge"阀（机器高压泵模块上的凸起黑色旋钮）逆时针旋转半圈，按"pump"按键或点击电脑软件中的"泵开/关"将泵电源打开，在软件参数设置区域设置泵A流速为"5"mL/min，点击软件中间最右侧"下载"将命令发送至仪器，等待3min，观察流动相管路无气泡，将流速改为"0"mL/min，点击"下载"将命令发送至仪器，将机器上的"purge"阀（机器高压泵模块上的凸起黑色旋钮）顺时针旋拧紧，将流速调至"1"mL/min，等待30min。

（6）供试品溶液与对照溶液配制及处理　准确称量甲硝唑约100mg置于100mL容量瓶中，加甲醇振摇溶解并稀释至刻度，摇匀；精密量取上述溶液10mL置于50mL容量瓶中，加流动相溶解并稀释至刻度，摇匀，作为供试品溶液；精密量取供试品溶液2mL，置于100mL容量瓶中，用流动相稀释至刻度，摇匀，精密量取5mL，置于50mL容量瓶中，用流动相稀释至刻度，摇匀，作为对照溶液。

取1只针管，弃掉针头，将柱塞杆拉出，针头式过滤器安装到针管上，将供试品溶液倒入针管中，将柱塞杆重新装入，推动柱塞，弃初滤液，将续滤液打入液相小瓶中（装入小瓶体积1/3～2/3）拧紧瓶盖。

（7）设置参数建立方法　设置参数，流速1.0mL/min，检测波长315nm，进样体积20μL等（详见高效液相色谱仪使用说明书）。

（8）单次分析　将液相小瓶放入自动进样器样品盘中，记录样品瓶号，点击"单次分析"设置样品瓶号与瓶架，输入数据文件名。

（9）数据处理　点击助手栏"数据处理"，处理对照溶液与供试品溶液数据，点击"数据报告"，记录对照溶液的主峰面积与供试品溶液中各杂质的峰面积。

（10）计算结果。

（11）甲醇冲洗色谱柱　按步骤（4）将流动相更换为过滤脱气好的色谱甲醇中，按步骤（5）操作用甲醇将色谱柱平衡好。

（12）关机　关闭电源开关。

4. 实验结果

供试品溶液主峰保留时间 t_R 为_____；供试品溶液主峰理论塔板数为_____。
对照溶液主峰峰面积 $A_{对}$ 为_____。

各杂质的峰面积分别为：A_1_____；A_2_____；A_3_____；
A_4_____；A_5_____；

结果计算：

5. 结果判断

标准规定：供试品溶液的色谱图中单个杂质不得大于对照溶液中甲硝唑峰面积的 0.5 倍（0.1%），各杂质峰面积的和不得大于对照溶液中甲硝唑峰面积（0.2%）。

结论：□符合规定　□不符合规定

必备知识

高效液相色谱法也可用于药品的纯度检测,对药品中存在的已知或未知杂质进行限度检测。在《中国药典》(2020年版)中,有很多品种检测项目采用此法。药品的纯度检测方法常采用面积归一化法、主成分自身对照法或外标法。

总结提高

(1)主成分自身对照法分为加校正因子和不加校正因子两种,因为杂质往往难以获得对照品,多以不加校正因子主成分自身对照法使用较多。

(2)校正因子(f)= $A_s c_r / (A_r c_s)$,其中,A_s为杂质对照品的峰面积;c_r为待测成分对照品的浓度;A_r为待测成分对照品的峰面积;c_s为杂质对照品待测成分的浓度。校正因子可直接载入各品种正文中,用于校正杂质的实测峰面积。

巩固练习

自主练习使用自身对照法进行盐酸二氧丙嗪的有关物质检查,根据评价表完成自我评定,上传学习平台。

 任务评价

有关物质检测任务评价表

班级:_____ 姓名:_____ 学号:_____

序号	任务要求	配分/分	得分/分
1	制定工作方案	5	
2	准备仪器、药品	5	
3	溶液的配制	10	
4	色谱柱的安装	5	
5	流动相配置、脱气	15	
6	更换流动相、排气、平衡色谱柱	20	
7	高效液相色谱仪使用	20	
8	正确判断结果	5	
9	结束后清场	5	
10	态度认真、操作规范有序	10	
	总分	100	

工作报告

班级：　　　　姓名：　　　　学号：　　　　成绩：

工作任务	
任务目标	
任务准备	
任务实施	
注意事项	
学习反思	

任务6　高效液相色谱仪维护

工作任务

李斯在使用高效液相色谱仪一段时间后，发现泵头无法泵液，压力波动加大，分析仪器的故障出现在哪里？

任务目标

（1）素养　具备综合素质、动手能力、分析能力。
（2）知识　掌握高效液相色谱仪的维护与保养；学会分析出现故障的原因。
（3）技能　能熟练维护高效液相色谱仪；能对高效液相色谱仪的故障问题进行分析、排除并修复。

任务实施

分析任务，设计流程。
分析仪器故障→排除仪器故障原因→修复仪器→安装使用。

1. 流动相

（1）流动相的要求　流动相使用的水必须为超纯水或二次蒸馏水，理想的HPLC用水应为电阻为大于18.5Ω的超纯水，并通过孔径为0.45μm的滤膜，除去热源、有机物、无机离子及空气等，可采用自制或购买的方式获得。有机溶剂必须为色谱纯，多使用甲醇、乙腈、乙醇、异丙醇等。流动相试剂不纯净可能会导致基线过高或者鬼峰的出现。

（2）流动相配制注意事项
① 流动相量取需使用量筒，不可使用量杯或者烧杯。
② 流动相必须要过滤，过滤要除掉不溶性颗粒或机械性杂质。
③ 过滤流动相滤膜一定要选择正确。
④ 流动相必须要脱气，原因为：a.泵中气泡使液流波动，改变保留时间和峰面积。b.柱中气泡使流动相绕流，峰变形。c.检测器中的气泡产生基线波动。
⑤ 流动相的保存。

a.有机溶剂流动相：室温下密封，避光保存；b.缓冲盐流动相：当日现配现用，低温下密封保存，一般不超过3天，防止微生物生长，使用前需重新过滤；c.有机溶剂与水（缓冲盐）混配的流动相：低温密封保存，防止有机相的挥发。

2. 泵的维护

① 使用流动相尽量要清洁；

② 进液处的砂芯或滤头要经常清洗；
③ 流动相交换时要防止沉淀；
④ 避免泵内堵塞或有气泡；
⑤ 每次分析结束后，要反复冲洗进样口，防止样品的交叉污染。

3. 色谱柱

① 柱子在任何情况下不能碰撞、弯曲或强烈震动；
② 当柱子和色谱仪连接时，阀件或管路一定要清洗干净；
③ 要注意流动相的脱气；
④ 避免使用高黏度的溶剂作为流动相；
⑤ 进样样品要提纯；
⑥ 严格控制进样量；
⑦ 每天分析工作结束后，要清洗进样阀中残留的样品；
⑧ 每天分析测定结束后，都要用适当的溶剂来清洗色谱柱；
⑨ 若分析柱长期不使用，应用适当有机溶剂保存并封闭；
⑩ 色谱柱清洗保存。

a. 反相色谱柱　用 20% 甲醇溶液清洗 10 个柱体积，保存在相应的保存液中（一般为甲醇）。

b. 凝胶色谱柱　用纯水清洗 10 个柱体积，保存在 5% 叠氮化钠水溶液中。

c. 离子色谱柱　用 0.02mol/L，pH 6.5 盐溶液清洗 10 个柱体积，保存在含 5% 叠氮化钠 0.02mol/L、pH 6.5 溶液中。短期保存在低盐的流动相中。

4. 检测器

在分析前、柱平衡得差不多时，打开检测器；在分析完成后，马上关闭检测器。

学习资源

高效液相色谱（high performance liquid chromatography，HPLC）法是在经典液相色谱的基础上，继气相色谱之后，20世纪70年代初期发展起来的一种以液体作流动相的新色谱技术。

高效液相色谱法的特点

（1）高效液相色谱法与经典液相色谱法相比具有下列优点：

① 色谱柱是以特殊的方法用小粒径（一般为10μm以下）的填料填充而成，从而使柱效大大提高（每米塔板数可达几万或几十万），分辨率高；

② 流动相采用高压输液泵输送（最高输送压力可达 4.9×10^7 Pa），流速快，分析速度快；

③ 高效液相色谱法柱后连有高灵敏度的检测器，可对流出物进行连续检测。因此，高效液相色谱具有分析速度快、分离效能高、自动化程度高等特点。所以人们称它为高压液相色谱法、高速液相色谱法、高效液相色谱法或现代液相色谱法。

（2）高效液相色谱法与气相色谱法相比，具有下列优点：

① 不受样品挥发度和热稳定性的限制，它非常适合分子量较大、难汽化、不易挥发或对热敏感的物质，离子型化合物及高聚物的分离分析，大约占有机物的70%～80%，应用范围广。

② 液相色谱中流动相液体也与固定相争夺样品分子，为提高选择性增加了一个因素。也可选用不同比例的两种或两种以上的液体作流动相，增大了分离的选择性。同时液相色谱固定相类型多，分析时选择的余地大。

③ 液相色谱通常在室温下操作，较低的温度一般有利于色谱分离条件的选择。

④ 液相色谱法制备样品简单，回收样品也比较容易，而且回收是定量的，适合于大量制备。

综上所述，高效液相色谱法具有柱效高、选择性高、灵敏度高、重复性好、分析速度快、应用范围广等优点。该法已成为现代分析技术的重要手段之一，目前在化学、化工、医药、生化、环保、农业等科学领域获得广泛应用。

高效液相色谱法的分类及分离机制

按组分在两相间分离机理，高效液相色谱法可分为十余种方法，以下主要介绍液-固色谱法、液-液色谱法、离子交换色谱法和凝胶色谱法。

1. 液－固色谱法（液－固吸附色谱法）

液-固色谱法是利用各组分在固定相上吸附能力的不同而将它们分离的方法。当组分随着流动相通过色谱柱中的吸附剂时，组分分子及流动相分子对吸附剂表面的活性中心发生吸附竞争。组分分子对活性中心竞争能力的大小决定了它们保留值

动画扫一扫
色谱分离过程

的大小。被活性中心吸附越强的组分分子越不容易被流动相洗脱，k 值就大；反之 k 值就小。组分之间的 k 值相差越大，分离越容易。吸附剂吸附能力的强弱与吸附剂的比表面积、物理化学性质、组分分子的结构和组成以及流动相的性质等因素有关。

（1）液-固吸附色谱固定相　多数是有吸附活性的吸附剂，常用的有表面多孔型和全多孔微粒型硅胶、氧化铝、分子筛等。

① 表面多孔型。又称薄壳型，是高效液相色谱使用的第一种填料。表面多孔填料的机械强度高，易填充均匀、紧密，渗透性好，表面孔隙浅，传质快，柱效高，分离速度快。其主要缺点是因比表面积小，柱容量低，允许进样量小。

② 全多孔微粒型。目前广泛使用的有球形和无定形两种，颗粒直径 3～10μm，它具有粒度小、比表面积大（100～600m^2/g），孔穴浅、柱效高和柱容量大的优点。

（2）液-固吸附色谱流动相　液-固吸附色谱对流动相的基本要求是试样要能够溶于流动相中，流动相黏度较小，流动相不能影响试样的检测。流动相的选择原则是极性大的试样需用极性强的流动相，极性弱的试样宜用极性较弱的流动相。实际工作中常用两种或两种以上溶剂按不同比例混合作流动相，以提供合适的溶剂强度和 k 值，提高分离的选择性。在分离复杂试样时，可进行梯度洗脱，能提高分离效率，改善峰形，加快分析速度。常用的流动相：甲醇、乙醚、苯、乙腈、乙酸乙酯、吡啶等。

液-固色谱法常用于分离极性不同的化合物、含有不同类型或不同数量官能团的有机化合物，以及有机化合物不同的异构体；但液-固色谱法不宜用于分离同系物，因为液-固色谱对不同分子量的同系物选择性不高。

2. 液－液色谱法（液－液分配色谱法）

使用将特定的液态物质涂于担体表面，或化学键合于担体表面而形成的固定相。分离原理是根据被分离的组分在流动相和固定相中溶解度不同而分离，分离过程是一个分配平衡过程。溶质在两相间进行分配时，在固定液中溶解度较小的组分较难进入固定液，在色谱柱中向前迁移速度较快；在固定液中溶解度较大的组分容易进入固定液，在色谱柱中向前迁移速度较慢，从而达到分离的目的。

（1）液-液色谱法的固定相　多采用化学键合固定相，以全多孔球形硅胶作载体，与端基含有十八烷基、醚基、苯基、氨基、氰基的硅烷偶联剂进行化学键合，制成非极性的十八烷基键合固定相，弱极性的醚基、苯基键合固定相和极性的氨基、氰基键合固定相。这类化学键合固定相，其表面的特征官能团与硅胶结合得十分牢固，能耐各种溶剂的洗脱，无流失现象，可用于梯度洗脱，传质速度快，在高效液相色谱中获得于广泛的应用，尤其是十八烷基键合固定相（商品名为 ODS 柱），在液-液分配色谱中获得于广泛的应用。

由于化学键合固定相具有不同的极性，当进行分析时，若流动相的极性大于化学键合固定相的极性时，就称作反相液-液色谱；若化学键合固定相的极性大于流动相的极性时，就称作正相液-液色谱。正相色谱适宜于分离强极性至中等极性的化合物，反相色谱则适宜于分离非极性或弱极性化合物。因此当使用不同极性的键合固定相时，其选择流动相的原则也不相同。

（2）液-液色谱法的流动相　若进行反相色谱分析，因固定相为十八烷基非极性键合固定相或醚基、苯基弱极性键合固定相，选用的流动相应以强极性的水作为主体，加入甲醇、乙腈、四氢呋喃作为改性剂，以调节溶剂强度来改善样品中不同组分的分离度。若进行正相色谱分析，因选用了强极性氨基、氰基键合固定相，可以正己烷作为流动相的主体，加入氯仿、二氯甲烷、乙醚作为改性剂，以调节溶剂强度来改善分离。

液-液色谱法既能分离极性化合物，又能分离非极性化合物，如烷烃、烯烃、芳烃、稠环、染料等化合物。化合物中取代基的数目或性质不同，或化合物的分子量不同，均可以用液-液色谱法进行分离。

3. 离子交换色谱法

离子交换色谱法是基于离子交换树脂上可电离的离子与流动相中具有相同电荷的被测离子进行可逆交换，由于被测离子在交换剂上具有不同的亲和力（作用力）而被分离。交换达到平衡时，K 值越大，保留时间越长。

（1）固定相　常用的有两种类型，多孔型树脂与薄壳型树脂。

多孔型树脂：极小的球型离子交换树脂，能分离复杂样品，进样量较大；缺点是机械强度不高，不能耐受压力。

薄壳型离子交换树脂：在玻璃微球上涂以薄层离子交换树脂，这种树脂柱效高，当流动相成分发生变化时，不会膨胀或压缩；缺点是柱子容量小，进样量不宜太多。

（2）流动相　离子交换色谱的流动相最常使用水缓冲溶液，有时有机溶剂如甲醇，或乙醇同水缓冲溶液混合使用，以提供特殊的选择性，并改善样品的溶解度。离子交换色谱所用的缓冲液，通常用下列化合物配制：钠、钾、钡的柠檬酸盐，磷酸盐，甲酸盐与其相应的酸混合成酸性缓冲液或与氢氧化钠混合成碱性缓冲液等。

离子交换色谱法主要用来分离离子或可离解的化合物，凡是在流动相中能够电离的物质都可以用离子交换色谱法进行分离。广泛地应用于无机离子、有机化合物和生物物质（如氨基酸、核酸、蛋白质等）的分离。

4. 凝胶色谱法（空间排阻色谱法）

凝胶是一种多孔性的高分子聚合体，表面布满孔隙，能被流动相浸润，吸附性很小。凝胶色谱法的分离机制是根据分子的体积大小和形状不同而达到分离目的。体积大于凝胶孔隙的分子，由于不能进入孔隙而被排阻，直接从表面流过，先流出色谱柱；小分子可以渗入大大小小的凝胶孔隙中而完全不受排阻，然后又从孔隙中出来随载液流动，后流出色谱柱；中等体积的分子可以渗入较大的孔隙中，但受到较小孔隙的排阻，介乎上述两种情况之间。凝胶色谱法是一种按分子尺寸大小的顺序进行分离的一种色谱分析方法。

高效液相色谱仪

高效液相色谱仪由高压输液系统、进样系统、分离系统、检测系统、记录系统五大部分组成,见图 2-4-1。

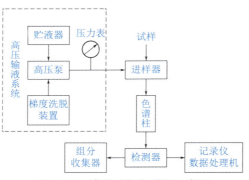

图 2-4-1　高效液相色谱仪示意图

分析前,选择适当的色谱柱和流动相,开泵,冲洗柱子,待柱子达到平衡而且基线平直后,用微量注射器把样品注入进样口,流动相把试样带入色谱柱进行分离,分离后的组分依次流入检测器的流通池,最后和洗脱液一起排入流出物收集器。当有样品组分流过流通池时,检测器把组分浓度转变成电信号,经过放大,用记录器记录下来就得到色谱图。色谱图是定性、定量和评价柱效高低的依据。

高压输液系统

高压输液系统由溶剂贮存器(贮液器)、高压泵、梯度洗脱装置和压力表等组成。

(1) 溶剂贮存器　溶剂贮存器一般由玻璃、不锈钢或氟塑料制成,容量为 1~2L,用来贮存足够数量、符合要求的流动相。

(2) 高压泵　高压泵是高效液相色谱仪中关键部件之一,其功能是将溶剂贮存器中的流动相以高压形式连续不断地送入液路系统,使样品在色谱柱中完成分离过程。由于液相色谱仪所用色谱柱柱径较细,所填固定相粒度很小,所以,对流动相的阻力较大,为了使流动相能较快地流过色谱柱,就需要高压泵注入流动相。

对泵的要求:①能在高压下连续工作,输出压力一般应达到 20~50MPa;②流量范围宽,分析型应在 0.1~10mL/min 范围内连续可调,制备型应能达到 100mL/min,且流量恒定、无脉动,流量精度高且稳定,其重复性应小于 0.5%。此外,还应耐腐蚀,密封性好。高压输液泵,按其性质可分为恒压泵和恒流泵两大类。恒流泵是能给出恒定流量的泵,其流量与流动相黏度和柱渗透无关。恒压泵能保持输出压力恒定,而流量随外界阻力变化而变化,如果系统阻力不发生变化,恒压泵就能提供恒定的流量。目前多用恒流泵中的柱塞往复泵。

为了延长泵的使用寿命和维持其输液的稳定性,操作时需注意下列事项:①防止任何固体颗粒进入泵体;②流动相不应含有任何有腐蚀性的物质;③泵工作时要留心防止溶剂瓶内的流动相被用完;④不要超过规定的最高压力,否则会使高压密封环变形漏液;⑤流动相应该先脱气。

(3) 梯度洗脱装置　梯度洗脱(gradient elution)又称为梯度淋洗或程序洗提。在气相色谱中,为了改善对宽沸程样品的分离和缩短分析周期,广泛采用程序升温的方法。而在液相色谱中则采用梯度洗脱的方法。在同一个分析周期中，按一定程序不断改变流动相的浓度配比，从而可以使一个复杂样品中的性质差异较大的组分能按各自适宜的容量因子 k 达到良好的分离目的，称为梯度洗脱。

梯度洗脱的优点：缩短分析周期；提高分离能力；峰型得到改善，很少拖尾；增加灵敏度。

梯度洗脱装置分为两类：一类是外梯度装置（又称低压梯度），流动相在常温常压下混合，用高压泵压至柱系统，仅需一台泵即可；另一类是内梯度装置（又称高压梯度），将两种溶剂分别用泵增压后，按电器部件设置的程序，注入梯度混合室混合，再输至柱系统。

进样系统

进样系统包括进样口、注射器和进样阀或自动进样器等，它的作用是把分析试样有效送入色谱柱上进行分离。一般要求进样装置的密封性好，死体积小，重复性好，保证柱中心进样，进样时对色谱系统的压力、流量影响小。

用六通进样阀进样时，先使阀处于装样位置"load"，用微量注射器将试样注入贮样管（定量环），然后转动阀芯（由手柄操作）至进样位置"injection"，贮样管内的试样由流动相带入色谱柱。进样体积是由贮样管的容积严格控制的，因此进样量准确，重复性好。为了确保进样的准确度，装样时微量注射器的体积必须大于贮样管的容积，见图 2-4-2。

除手动进样之外，还有各种形式的自动进样装置，常用于大数量的试样分析。程序控制依次进样，同时还能用溶剂清洗进样器，有的还带温度控制系统，适用于需低温保存的试样。

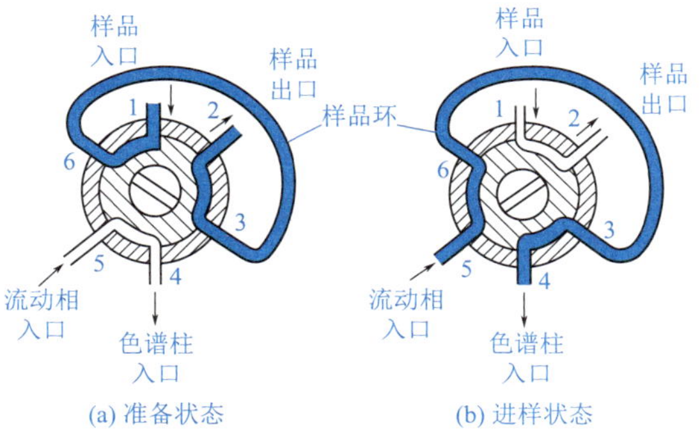

图 2-4-2 六通进样阀示意图

分离系统

分离系统包括色谱柱、恒温器和连接管等部件。色谱柱一般用内部抛光的不锈钢制成。其内径为 2～6mm，柱长为 10～50cm，柱形多为直形，内部充满微粒固定相。柱温一般为室温或接近室温。

色谱柱在使用前或放置一段时间以后要对其性能进行考察，柱性能指标包括在一定实验条件（试样、流动相、流速、温度）下的柱压、理论塔板高度 H 或理论塔板数 n、拖尾因子 T、容量因子 k 和选择性因子的重复性或分离度 R。

检测器

检测器是液相色谱仪的关键部件之一，它的作用是把色谱洗脱液中组分的量（或浓度）转变成电信号。对检测器的要求是：灵敏度高、重复性好、线性范围宽、死体积小以及对温度和流量的变化不敏感等。在液相色谱中，有两种类型的检测器，一类是专属型检测器，它只能检测某些组分的某一性质，属于此类检测器的有紫外检测器、荧光检测器、电化学检测器等；另一类是通用型检测器，它对试样和洗脱液总的物理和化学性质响应，属于此类检测器的有示差折光检测器、蒸发光散射检测器等。

高效液相色谱法中应用最广泛的为紫外检测器。它具有灵敏度高、噪声低、线性范围宽、对流速和温度的波动不灵敏的优点。但它只能检测有紫外吸收的物质，而且流动相有一定限制，即流动相的截止波长应小于检测波长。紫外检测器包括可变波长检测器和二极管阵列检测器。二极管阵列检测器可将每一个组分的吸收光谱和试样的色谱图结合在一张三维坐标图上，而获得三维光谱——色谱图（见图2-4-3），吸收光谱用于组分的定性分析，色谱峰面积用于定量分析。

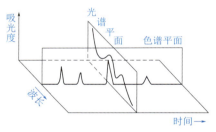

图 2-4-3 二极管阵列检测器的三维色谱图

数据记录处理和计算机控制系统

现代高效液相色谱仪的重要特征是微机控制仪器。如输液泵系统中用微机控制流速，在多元溶剂系统中控制溶剂间的比例及混合，在梯度洗脱中控制溶剂间的比例或流速的变化；微机能使检测器的信噪比达到最大，控制程序改变紫外检测器的波长、响应速度、量程、自动调零和光谱扫描。微机还可控制自动进样装置，准确定时地进样。这样提高了仪器的准确度和精密度。利用色谱管理软件可以实现全系统的自动化控制。

计算机技术的另一应用是采集和分析色谱数据。它能对来自检测器的原始数据进行分析处理，给出所需要的信息。如二极管阵列检测器的微机软件可进行三维谱图、光谱图、波长色谱图、比例色谱图谱图搜索和峰纯度检查等工作。许多数据处理系统都能进行峰宽、峰高、峰面积、对称因子、容量因子、选择性因子和分离度等色谱参数的计算，这对色谱方法的建立非常重要。色谱工作站是数据采集、处理和分析的独立的计算机软件，能适应于各种类型的色谱仪器。

HPLC仪器的中心计算机控制系统，既能做数据采集和分析工作，又能程序控制仪器的各个部件，还能在分析一个试样之后自动改变条件而进行下一个试样的分析。为了满足GMP/GLP法规的要求，许多色谱仪的软件系统具有方法认证功能，使分析工作更加规范化，这对医药分析尤为重要。

工作流程

流程如图2-4-4所示，溶剂贮器中的流动相被泵吸入（经梯度控制器按一定的梯度进行混后然后输出），经泵测其压力和流量，导入进样阀（器）经保护柱、分离柱后到检测器检测，由数据处理设备处理数据或记录仪记录色谱图。

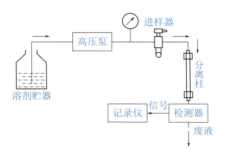

图2-4-4 高效液相色谱工作流程示意图

定性分析方法

HPLC的定性分析方法可以分为色谱鉴定法和非色谱鉴定法，后者又可分为化学鉴定法和两谱联用鉴定法。

（1）色谱鉴定法 与GC法相同，色谱鉴定法是利用色谱定性参数保留时间（或保留体积）和相对保留值或用已知物对照法对组分进行鉴别分析，其原理是同一物质在相同的色谱条件下保留时间相同。此法只能对范围已知的化合物进行定性。

（2）化学鉴定法 化学鉴定法是利用专属型化学反应对分离后收集的组分进行定性分析。此法只能鉴定组分属于哪一类化合物。通常是收集色谱馏分，再与官能团分类试剂反应。HPLC法比GC法更容易收集馏分。官能团分类试剂与GC法相同。

（3）两谱联用鉴定法 当相邻组分的分离度足够大时，以制备HPLC获得纯组分，而后用紫外光谱、红外光谱、质谱或核磁共振波谱等分析手段进行定性鉴定。将高效液相色谱仪与光谱仪用界面联成一个整体仪器，实现在线检测，称为两谱联用仪。

系统适用性试验

为了保证定量分析的准确性和重现性，色谱系统应达到一定的要求。《中国药典》（2020年版）规定了系统适用性试验的内容包括理论塔板数、分离度、拖尾因子、重复性。

系统适用性试验：按各品种项下要求对仪器进行适用性试验，即用规定的对照品对仪器进行试验和调整，应达到规定的要求；或规定分析状态下色谱柱的最小理论板数、分离度、重复性和拖尾因子。

（1）色谱柱的理论塔板数（n） 在选定的条件下，注入供试品溶液或各品种项下规定的内标物质溶液，记录色谱图，量出供试品主成分或内标物质峰的保留时间t_R（以分钟或长度计，下同，但应取相同单位）和半峰高宽（$W_{h/2}$），按$n = 5.54(t_R/W_{h/2})^2$计算色谱柱的理论板数。如果测得理论板数低于各品种项下规定的最小理论板数，应改变色谱柱的某些条件（如柱长、载体性能、色谱柱充填物的优劣等），使理论板数达到要求。

（2）分离度（R） 定量分析时，为便于准确测量，要求定量峰与其他峰或内标峰之间有较好的分离度。除另有规定外，分离度应大于1.5。分离度（R）的计算公式为：

$$R = \frac{2(t_{R2} - t_{R1})}{W_1 + W_2}$$

式中，t_{R2}为相邻两峰中后一峰的保留时间；t_{R1}为相邻两峰中前一峰的保留时间；W_1及W_2为此相邻两峰的峰宽。

（3）灵敏度 用于评价色谱系统检测微量物质的能力，通常以信噪比（S/N）来表示。通过测定一系列不同浓度的供试品或对照品溶液来测定信噪比。定量测定时，信噪比应不小于10；定性测定时，信噪比应不小于3。系统适用性试验中可以设置灵敏度实验溶液来评价色谱系统的检测能力。

（4）拖尾因子（T） 为保证测量精度，特别当采用峰高法测量时，应检查待测峰的拖尾因子（T）是否符合各品种项下的规定，或不同浓度进样的校正因子误差是否符合要求。除另有规定外，T应在0.95～1.05。拖尾因子计算公式为：

$$T = \frac{W_{0.05h}}{2d_1}$$

式中，$W_{0.05h}$为0.05峰高处的峰宽；d_1为峰极大值至峰前沿之间的距离。

（5）重复性 取各品种项下的对照溶液，连续进样5次，除另有规定外，其峰面积测量值的相对标准偏差应不大于2.0%。也可按各品种校正因子测定项下，配制相当于80%、100%和120%的对照品溶液，加入规定量的内标溶液，配成3种不同浓度的溶液，分别进样3次，计算平均校正因子，其相对标准偏差也应不大于2.0%。

项目评价

一、选择题

1. 液相色谱适宜的分析对象是（　　）。
   A. 低沸点小分子有机化合物　　B. 高沸点大分子有机化合物
   C. 所有有机化合物　　D. 所有化合物

2. 液相色谱定量分析时，要求混合物中每一个组分都出峰的是（　　）。
   A. 外标标准曲线法　　B. 内标法
   C. 面积归一化法　　D. 外标法

3. 在液相色谱中，梯度洗脱适用于分离（　　）。
   A. 异构体　　B. 沸点相近、官能团相同的化合物
   C. 沸点相差大的试样　　D. 极性变化范围宽的试样

4. 吸附作用在（　　）中起主要作用。
   A. 液-液色谱法　　B. 液-固色谱法
   C. 键合相色谱法　　D. 离子交换法

5. 如果样品比较复杂，相邻两峰间距离太近或操作条件不易控制，要准确测量保留值有一定困难时，可选择（　　）方法定性。
   A. 利用相对保留值　　B. 加入已知物增加峰高
   C. 利用文献保留值数据　　D. 与化学方法配合

6. 在液相色谱中，常用作固定相又可用作键合相基体的物质是（　　）。
   A. 分子筛　　B. 硅胶　　C. 氧化铝　　D. 活性炭

7. 键合相键合基团的碳链长度增长后（　　）。
   A. 极性减小　　B. 极性增大　　C. 载样量增大　　D. 载样量减小

二、填空题

1. 高效液相色谱仪一般可分为_____、_____、_____、_____和_____等部分。

2. 高效液相色谱固定相的性质和结构的差异，使分离机理不同而构成各种色谱类型，主要有_____、_____和_____等。

3. 在液-液分配色谱中，对于亲水固定液采用_____流动相，即流动相的极性_____固定相的极性称为正相分配色谱。

4. 正相分配色谱适用于分离_____化合物，极性_____的先流出、极性_____的后流出。

5. _____、_____、_____是现代液相色谱的显著特点，其固定相多采用_____。

6. 在液相色谱中，为改善分离度并调整出峰时间，可通过改变流动相＿＿＿＿和＿＿＿＿的方法达到。

7. 通过化学反应，将＿＿＿＿键合到＿＿＿＿表面，此固定相称为化学键合固定相。

8. 以 ODS 键合固定相，甲醇-＿＿＿＿为流动相时，该色谱为＿＿＿＿色谱。

9. 用凝胶为固定相，利用凝胶的＿＿＿＿与被分离组分分子＿＿＿＿间的相对大小关系，而分离、分析的色谱法，称为空间排阻（凝胶）色谱法。凝胶色谱的选择性只能通过选择合适的＿＿＿＿来实现。

10. 在正相色谱中，极性＿＿＿＿的组分先出峰，极性＿＿＿＿的组分后出峰。

三、判断题

（　　）1. 液-液色谱流动相与被分离物质相互作用，流动相极性的微小变化，都会使组分的保留值出现较大的改变。

（　　）2. 检测器性能好坏将对组分分离产生直接影响。

（　　）3. 色谱归一化法只能适用于检测器对所有组分均有响应的情况。

（　　）4. 高效液相色谱适用于大分子、热不稳定物质及生物试样的分析。

（　　）5. 高效液相色谱中通常采用调节分离温度和流动相流速来改善分离效果。

（　　）6. 在液相色谱中为避免固定相的流失，流动相与固定相的极性差别越大越好。

（　　）7. 反相分配色谱适于非极性化合物的分离。

（　　）8. 高效液相色谱法采用梯度洗脱，是为了改变被测组分的保留值，提高分离度。

（　　）9. 化学键合固定相具有良好的热稳定性，不易吸水，不易流失，可用梯度洗脱。

（　　）10. 正相键合色谱的固定相为非（弱）极性固定相，反相色谱的固定相为极性固定相。

四、简答题

1. 简述高效液相色谱法与气相色谱法的主要异同点。
2. 何谓化学键合相？常用的化学键合相有哪些类型？
3. 什么叫正相色谱、反相色谱？各适于分离哪些化合物？
4. 什么是梯度洗脱？洗脱的类型有哪些？各适合于分离哪些化合物？
5. 什么是系统适用性试验？包含哪些指标？做系统适用性试验的目的是什么？
6. 简述高效液相色谱仪的基本构造及工作流程。
7. 常用的高效液相色谱法的定性定量方法有哪些？
8. 简述采用高效液相色谱法进行药品含量测定的全过程（内标法、外标法）。
9. 测定生物碱试样中黄连碱和小檗碱的含量，称取内标物、黄连碱和小檗碱对照品各 0.2000g 配成混合溶液。测得峰面积分别为 3.60cm²，3.43cm² 和 4.04cm²。称取内标物 0.2400g 和试样 0.8560g 同法配制成溶液后，在相同色谱条件下测得峰面积分别为 4.16cm²，3.71cm² 和 4.54cm²。计算试样中黄连碱和小檗碱的含量。（黄连碱 26.2%，小檗碱 27.3%）

模块三　电化学分析技术

职业岗位

理化室。主要负责药品、食品等检品的中间体、原料、成品的相关项目检验。

职业形象

质量检验工。
（1）熟练运用 pH 计、电位滴定法、永停滴定法测定物质溶液的 pH 值及含量；
（2）熟悉 pH 计、电位滴定法、永停滴定法的操作流程，并能对仪器进行简单的维护和保养，熟悉常见故障及排除办法；
（3）能正确处理检验数据，正确填写记录，发放报告；
（4）能与人合作、善于沟通交流、做事认真、善于创新和自我提高。

职场环境

原料药分析室、制剂分析室、样品处理室、天平室等。
（1）原料药和制剂分析室及样品处理室：一般实验室要求，要配有通风橱；
（2）原料药分析室、制剂分析室、样品处理室：根据管理规定，应穿戴必要的工作服，根据具体情况要穿戴防护具。

工作目标

基本目标：能根据 pH 计、电位滴定法、永停滴定法操作流程，独立完成溶液 pH 值测定和相关药物含量测定的检验任务。
拓展目标：能对仪器进行简单的维护和保养，熟悉常见故障及排除办法。

项目一 直接电位法

任务1 电极的选择与维护

工作任务

用电位滴定法进行常规滴定（酸碱滴定、氧化还原滴定、沉淀滴定、非水滴定、配位滴定），应如何选择和维护电极？

任务目标

（1）素养　具备标准意识、规范意识、实事求是、精益求精的工匠精神。
（2）知识　掌握各类电极的工作原理及维护注意事项。
（3）技能　熟练掌握电极的工作环境，存储条件及日常维护。

任务实施

1. 分析任务，设计流程

根据滴定方式正确选择和维护电极。

2. 任务准备

各种类型的电极（铂电极、玻璃电极、饱和甘汞电极、银电极）。

3. 操作要点

（1）滴定方法为水溶液氧化还原法，应选择铂 - 饱和甘汞电极系统（铂电极用加有少量三氯化铁的硝酸或用铬酸清洁液浸洗）。

（2）滴定方法为水溶液中和法，应选择玻璃 - 饱和甘汞电极系统。

（3）滴定方法为非水溶液中和法，应选择玻璃 - 饱和甘汞电极系统（饱和甘汞电极套管内装氯化钾的饱和无水乙醇溶液。玻璃电极用过后应立即清洗并浸在水中保存）。

（4）滴定方法为水溶液银量法，应选择银 - 玻璃电极系统（银电极可用稀硝酸迅速浸洗）或银 - 硝酸钾盐桥 - 饱和甘汞电极系统。

（5）滴定方法为—C≡CH中氢置换法，应选择玻璃 - 硝酸钾盐桥 - 饱和甘汞电极系统。

模块三　电化学分析技术

（6）滴定方法为硝酸汞电位滴定法，应选择铂 - 汞 - 硫酸亚汞电极系统。

（7）滴定方法为永停滴定法，应选择铂 - 铂电极系统（铂电极用有少量三氯化铁的硝酸浸洗或用铬酸清洁液浸洗）。

必备知识

（1）电位法分析中使用的原电池，通常需要由两种性能不同的电极插入被测溶液中组成，这两种电极按其作用不同分为指示电极和参比电极。

（2）指示电极是指电极电位值随被测离子的活度（或浓度）变化而变化，并指示出待测离子活度（或浓度）的电极。常见的指示电极可分为金属基电极和离子选择电极（亦称膜电极）两大类。

（3）参比电极是指在一定条件下，电极电位基本恒定的电极。

总结提高

（1）必须按照操作指南正确使用电极，注意保护电极。

（2）操作结束后，应仔细清洗和保存电极，否则会影响电极的使用寿命。

巩固练习

采用银量法测定,请为下列方法选择合适的电极系统,根据评价表完成自我评定,上传学习平台。

序号	检验项目	电极系统
1	水溶液中氯离子的含量测定(银量法)	
2	自来水的 pH 值测定	
3	磺胺的含量测定(永停滴定法)	
4	乌洛托品的含量测定(非水溶液中和法)	

 任务评价

电极的选择评价表

班级:_____   姓名:_____   学号:_____

序号	任务要求	配分/分	得分/分
1	制定工作方案	10	
2	准备电极	20	
3	正确选择电极	20	
4	正确维护电极	20	
5	结束后清场	10	
6	态度认真、操作规范有序	20	
	总分	100	

操作指南
1. 复合电极的使用及维护
2. 银电极的使用及维护
3. 甘汞电极的使用及维护
4. 铂电极的使用及维护
5. pH 玻璃电极的使用及维护

工作报告

班级：　　　　姓名：　　　　学号：　　　　成绩：

工作任务	
任务目标	
任务准备	
任务实施	
注意事项	
学习反思	

任务2　葡萄糖注射液pH值测定

工作任务

取本品或本品适量，用水稀释制成含葡萄糖为5%的溶液，每100mL加饱和氯化钾溶液0.3mL，依法检查（通则0631），pH值应为3.2～6.5。

任务目标

（1）素养　具备标准意识、规范意识、实事求是、精益求精的工匠精神。
（2）知识　掌握直接电位法的原理、pH计的构造及工作原理。
（3）技能　能熟练操作pH计；能熟练进行pH值测定，正确记录并判断结果。

任务实施

1. 分析任务，设计流程

开机、仪器预热→溶液的制备→设置参数→仪器校正→仪器验证→测定pH值→结果记录。

2. 任务准备

pH计，电子天平，100mL量筒1个，1mL移液管1支，200mL烧杯1个，100mL容量瓶2个，滤纸，葡萄糖注射液，纯化水，校正用标准缓冲液，饱和氯化钾溶液等。

3. 操作要点

（1）安装复合电极，打开仪器，设置温度，选择pH值测量模式（详见pH计使用说明书）。
（2）配制供试品溶液：取本品100mL，加饱和氯化钾溶液0.3mL，摇匀，作为供试品溶液。
（3）将清洗干净的电极放入配好的邻苯二甲酸盐标准缓冲液中，进行pH电极的定位。
（4）将清洗干净的电极放入配好的磷酸盐标准缓冲液中，进行pH电极的斜率校正。
（5）将清洗干净的电极放入配好的供试品溶液中，进行pH值测定。
（6）清洗电极，关机，填写仪器使用记录。

4. 实验结果

测得本品的pH值为_____。

5. 结果判断

标准规定：本品的 pH 值应为 3.2～6.5。

结论：□符合规定　□不符合规定

必备知识

（1）直接电位法是利用电池电动势与被测组分活度（浓度）之间的函数关系，通过测量原电池的电动势而直接求出待测组分活度（浓度）的电位法。该法通常用于测定溶液的 pH 值及其他离子的浓度。

（2）测定水溶液的 pH 值（即 H^+ 活度）目前都采用玻璃电极为指示电极，饱和甘汞电极为参比电极，浸入待测溶液中组成原电池，在一定条件下，原电池的电动势 E 与溶液 pH 值呈线性关系。只要测得原电池的电动势 E 就可求出溶液的 pH 值。

总结提高

（1）必须正确使用 pH 电极，注意保护电极。

（2）操作结束后，应用去离子水清洗电极，滤纸擦干电极表面，放入保护液中保存。

巩固练习

自主练习氯化钠注射液 pH 值测定，根据评价表完成自我评定，上传学习平台。

 任务评价

葡萄糖注射液 pH 值测定任务评价表

班级：_____　　姓名：_____　　学号：_____

序号	任务要求	配分 / 分	得分 / 分
1	制定工作方案	5	
2	准备仪器、药品	10	
3	溶液的配制	10	
4	参数设置	10	
5	仪器校正与核对	15	
6	pH 值的测定	15	
7	正确判断结果	15	
8	结束后清场	10	
9	态度认真、操作规范有序	10	
	总分	100	

操作指南
pH 计的使用

工作报告

班级：　　　　　姓名：　　　　　学号：　　　　　成绩：

工作任务	
任务目标	
任务准备	
任务实施	
注意事项	
学习反思	

学习资源

电化学分析法

电化学分析法是根据被测溶液所呈现的电化学性质及其变化而建立的定性定量分析方法。在进行电化学分析时，通常是将被测物质制成溶液，根据它的化学性质，选择适当电极组成化学电池，通过测量电池某种电信号（电压、电流、电阻、电量）的强度或变化，对组分进行定性、定量分析。

电化学分析法具有设备简单、操作方便、方法多、应用范围广和便于推广等优点，其中许多方法便于自动化，可用于连续、自动及遥控测定。另外，电化学分析法具有较好的灵敏度、准确度与重现性。

电位法

（1）将合适的指示电极与参比电极插入被测溶液中组成化学电池，通过测量电池的电动势或指示电极电位的变化进行分析的方法。若通过测量电池的电动势，根据电池的电动势与被测组分活（浓）度之间的函数关系直接求出待测物质的活（浓）度，称为直接电位法；若根据滴定过程中指示电极的电位或电动势的变化确定滴定终点，称为电位滴定法。

（2）相界电位　两个不同物相接触的界面上的电位差称为相接电位。

（3）液接电位　两个组成或浓度不同的电解质溶液相接触的界面间所存在的微小电位差，称液接电位。

（4）金属的电极电位　金属电极插入含该金属的电解质溶液中产生的金属与溶液的相界电位，称金属的电极电位。

（5）电池电动势　构成化学电池相互接触的各相界电位的代数和，称电池电动势。

化学电池

1. 化学电池

化学电池是化学能和电能进行互相转换的电化学反应器。由两个电极插在同一电解质溶液内，或分别插在两个能够互相接触的不同电解质溶液内所组成。

根据电极反应是否能自发进行，可将化学电池分为原电池和电解池。原电池的电极反应可自发进行，是一种将化学能转变为电能的装置，而电解池的电极反应不能自发进行，必须有外加电压的情况下电极反应才可进行，是一种将电能转变为化学能的装置。电位法是在原电池内进行的，而永停滴定法是在电解池中进行的。

2. 电池的表示形式与电池的电极反应

化学电池均由两支电极、容器和适当的电解质溶液组成。

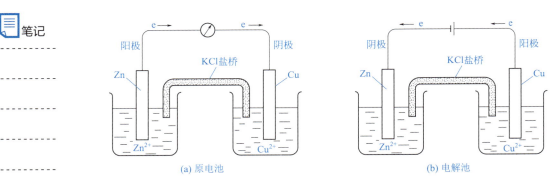

图 3-1-1 Cu-Zn 电池

为了简化对电池的描述，通常以电池表达式表示。如图 3-1-1 中原电池可以表示为：

$$(-)\ Zn\ |\ ZnSO_4（1mol/L）\ \|\ CuSO_4（1mol/L）\ |\ Cu\ (+)$$

其中，单竖线"|"表示电池组成的不同相界面；双竖线"‖"表示盐桥，表明具有两个接界面，双竖线两侧为两个半电池，习惯上把正极写在右边，负极写在左边。

指示电极

指示电极（indicator electrode）是指电极电位值随被测离子的活度（或浓度）变化而变化，并指示出待测离子活度（或浓度）的电极。

指示电极应符合以下要求：①电极电位与被测离子活度（或浓度）的关系应符合能斯特（Nernst）方程式；②响应快、重现性好；③结构简单、便于使用。

常见的指示电极可分为金属基电极和离子选择性电极（亦称膜电极）两大类。

1. 金属基电极

金属基电极是以金属为基体，基于电子转移反应的一类电极，按其组成及作用不同分为：

（1）金属-金属离子电极　由金属插在该金属离子溶液中组成，因只有一个相界面，故又称第一类电极。这类电极的电极电位与金属离子的活度（浓度）有关，可作为测定金属离子活度（浓度）的指示电极。例如将金属银丝浸在 $AgNO_3$ 溶液中构成的电极，可表示为 $Ag\ |\ Ag^+(a)$，其电极反应为：

$$Ag^+ + e^- \rightleftharpoons Ag$$

（2）金属-金属难溶盐电极　将表面覆盖同一种金属难溶盐的金属，插在该难溶盐的阴离子溶液中组成了金属-金属难溶盐电极。这类电极有两个相界面，故又称第二类电极。其电极电位随溶液中阴离子的活度（浓度）的变化而变化，可作为测定难溶盐阴离子浓度的指示电极。例如在金属银的表面上涂 AgCl 后插入 Cl^- 溶液中，组成了银-氯化银电极，可用来测定氯离子活度。这类电极具有制作容易、电位稳定、重现性好等优点，因此主要用作参比电极。

（3）惰性金属电极　是将一种惰性金属（铂或金）浸入含有氧化还原电对（如 Fe^{3+}/Fe^{2+}、Ce^{4+}/Ce^{3+} 等）物质的溶液中构成的，这类电极又称氧化还原电极。惰性金属本身不参加电极反应，仅起传递电子的作用，又称零类电极。其电极电位决定于溶液中氧化态和还原态活度（浓度）的比值，是测定溶液中氧化态或还原态的活度（浓度）以及它们的比值的指示电极。

金属基电极由于受到溶液中氧化剂、还原剂等许多因素干扰，只有少数几种金属基电极能用于离子活度（浓度）的测定。

2. 离子选择性电极

离子选择电极是一种对溶液中待测离子有选择性响应的电极，亦称膜电极。膜电极是以固体膜或液体膜为传感体，能选择性地对溶液中某特定离子产生响应的电极。响应机制主要是基于离子交换和扩散。其电极电位与溶液中某种特定离子活度（浓度）的关系符合能斯特方程式。膜电极具有选择性好、灵敏度高等特点，是电位分析法中发展最快、应用最广的一类指示电极。到目前为止，国内外制成的商品离子选择电极已有 20 多种，可直接或间接测定 50 余种离子。测定溶液 pH 值用的玻璃电极是一种典型膜电极。玻璃电极的构造见图 3-1-2。

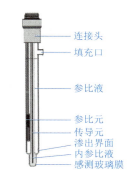

图 3-1-2　玻璃电极的结构示意图

参比电极

参比电极（reference electrode）是指在一定条件下，电极电位基本恒定的电极。作为参比电极，不仅要求电位恒定，而且要求其重现性好、装置简单、方便耐用。电位法中常用的参比电极有饱和甘汞电极和银 - 氯化银电极。

1. 饱和甘汞电极（SCE）

饱和甘汞电极由纯汞、Hg_2Cl_2-Hg 混合物和 KCl 溶液组成。其构造如图 3-1-3 所示。

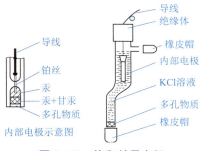

图 3-1-3　饱和甘汞电极

饱和甘汞电极由内、外两个玻璃套管组成，内管上端封接一根铂丝，铂丝上部与电极引线相连，铂丝下部插入汞层中（汞层厚约 0.5～1cm）。汞层下部是汞和甘汞的糊状物，内玻璃管下端用石棉或纸浆类多孔物堵紧。外玻璃管内充满饱和 KCl 溶液，电极下端与待测溶液接触处是熔接陶瓷芯或玻璃砂芯等多孔物质封紧，既可将电极内外溶液隔开，又可提供内外溶液离子通道，起到盐桥的作用。

甘汞电极表示式　　　　$Hg \mid Hg_2Cl_2(s) \mid KCl\,(x\,mol/L)$

电极反应　　　　　　　$Hg_2Cl_2 + 2e^- \rightleftharpoons 2Hg + 2Cl^-$

电极电位　　　　　　　$\varphi = \varphi^{\ominus}_{Hg_2Cl_2/Hg} - 0.059\lg\alpha_{Cl^-}$　　（25℃时）

可见，电极电位随着 KCl 溶液浓度的增大而减小，当 Cl^- 浓度一定时，甘汞电极的电位是一定值。电位值随温度的不同而改变，25℃时，不同浓度的 KCl 溶液对应的电极电位值如表 3-1-1。

表 3-1-1　不同浓度的 KCl 溶液对应的甘汞电极电位值

$c_{KCl}/(mol/L)$	0.1	1.0	饱和
φ/V	0.3337	0.2801	0.2413

2. 银-氯化银电极（SSE）

银-氯化银电极是将表面镀有一层氯化银的银丝插入一定浓度的氯化钾（或含 Cl^- 的溶液）中组成，其构造如图 3-1-4 所示。

电极内充溶液用烧瓷或其他适用的微孔材料隔层与待测溶液隔开。

电极的表示式　　$Ag \mid AgCl(s) \mid Cl^-\,(x\,mol/L)$

电极反应　　$AgCl + e^- \rightleftharpoons Ag + Cl^-$

电极电位　　$\varphi = \varphi^{\ominus}_{AgCl/Ag} - 0.059\lg\alpha_{Cl^-}$　　（25℃）

可见，当 KCl 溶液浓度一定时，则此电极的电位值就为定值。由于 Ag-AgCl 电极结构简单，体积小，通常用作各种离子选择性电极的内参比电极。

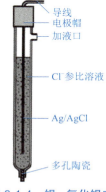

图 3-1-4　银-氯化银电极

复合pH电极

复合 pH 电极（combination pH electrode）是在玻璃电极和饱和甘汞电极的原理

上研制开发出来的新一代电极，它是将玻璃电极和甘汞电极组合在一起，构成单一电极体，通常是由 pH 玻璃电极（指示电极）和 Ag-AgCl 电极（参比电极）组成的。具有体积小、使用方便、坚固耐用、被测试液用量少、可用于狭小容器测试等优点。复合 pH 电极发展很快，将逐渐取代常规的 pH 电极，广泛用于溶液 pH 值测定。

溶液pH值测定原理

测定水溶液的 pH 值（即 H^+ 活度）目前都采用玻璃电极为指示电极，饱和甘汞电极为参比电极，浸入待测溶液中组成原电池，可用下式表示：

(−) 玻璃电极 | 被测溶液 ‖ SCE (+)

上述电池的电动势为：

$$E = \varphi_{甘汞} - \varphi_{玻璃} = \varphi_{甘汞} - (K_{玻} - \frac{2.303RT}{F} \text{pH}_x)$$

由于式中 $\varphi_{甘汞}$ 和 $K_{玻}$ 在一定条件下是常数，上式可以表示为：

$$E = K' + \frac{2.303RT}{F} \text{pH}_x = K' + 0.059 \text{pH}_x$$

由上式可知，在一定条件下，原电池的电动势 E 与溶液 pH 值呈线性关系。只要测得原电池的电动势 E 就可求出溶液的 pH 值。

溶液pH值测定方法

在实际工作中，由于公式中 K' 值受电极不同、溶液组成不同、电极使用时间长短等诸多因素影响，既不能准确测定，又不易由理论计算求得，常采用相对测定法，即采用"两次测量法"测定溶液的 pH 值。

测定时，在相同实验条件下先将玻璃电极和饱和甘汞电极浸入已知准确 pH 值的标准缓冲溶液中组成原电池，测得电动势：

$$E_s = K' + \frac{2.303RT}{F} \text{pH}_s$$

再将同一对电极浸入待测溶液中，测得电动势：

$$E_x = K' + \frac{2.303RT}{F} \text{pH}_x$$

两式相减得：

$$\text{pH}_x = \text{pH}_s + \frac{E_x - E_s}{2.303RT/F} = \text{pH}_s + \frac{E_x - E_s}{0.059}$$

pH_s 值已知，E_x 和 E_s 可测出，可算出待测溶液的 pH_x 值。

"两次测量法"测定溶液的 pH 值时，为了减小测量误差，测量过程中尽可能使溶液的温度保持恒定，并且应选用 pH 值与待测溶液相近的标准缓冲溶液（按 GB 9724—2007 规定，所用标准缓冲溶液的 pH_s 和待测溶液的 pH_x 相差应在 3 个 pH 单位以内）。

pH计

测量溶液 pH 值的仪器称 pH 计（又称酸度计），是根据 pH 的实用定义设计而成的。pH 计是一种高阻抗的电子管或晶体管式的直流毫伏计，既可用于测量溶液的酸度，又可以作毫伏计测量电池电动势。

目前常用的国产 pH 计有 pHS-25 型、pHS-2 型和 pHS-3 型等。它们的主要差异是测量精度不同，但均由测量电池和主机两部分组成。玻璃电极、饱和甘汞电极和被测溶液组成测量电池，将被测溶液的 pH 值转换为电动势，然后主机内部的电子线路将其电动势转换成 pH 值，直接标示出来。

由于电池电动势与 pH 值的转换关系与测量电池中溶液的温度有关，如 25℃时，每 0.059V 相当于一个 pH 单位，因此 pH 计上装有温度补偿器，调节它可使每一个 pH 间隔的电动势改变值正好相当于测量温度应有的变动值。pH 计上还装有定位调节器，用标准缓冲液校准时，调节它使仪器显示的 pH 值正好与标准缓冲溶液的 pH 值相等，以消除不对称电位的影响。

pH 计使用方法

1.pH 计使用方法

pH 计使用包括以下步骤：电极的处理及安装→接通电源，预热→零点调节与校正→定位→核对→测量待测溶液 pH 值，读数→取出电极清洗→切断电源。

2. pH 值测定的注意事项

《中国药典》在附录的 pH 值测定法项下指出，pH 计应定期检定，使精密度和准确度符合要求，在测定 pH 值时应严格按仪器使用说明书操作，并注意下列事项：

（1）测定前，按品种项下的规定，选择两种 pH 值约相差 3 个单位的标准缓冲溶液，使供试品的 pH 值处于两者之间。

（2）取与供试液 pH 值较接近的第一种标准缓冲液核对仪器进行校正（定位），使仪器数值与表列数值一致。

（3）仪器定位后，再用第二种标准缓冲液核对仪器示值，误差应不大于 ±0.02pH 单位。若大于此偏差，则应小心调节斜率，使示值与第二种标准缓冲液的表列数值相符。重复上述定位与斜率调节操作，至仪器示值与标准缓冲液的规定数值相差不大于 0.02pH 单位。否则，需检查仪器或更换电极后，再行校正至符合要求。

（4）每次更换标准缓冲液或供试品溶液前，应用纯化水充分洗涤电极，然后将水吸尽，也可用所换的标准缓冲液或供试品溶液洗涤。

（5）标准缓冲溶液与待测溶液的温度必须相同。

（6）在测定高 pH 值供试品和标准缓冲液时，应注意碱误差的问题，必要时选用适当的玻璃电极测定。

（7）对弱缓冲液或无缓冲作用溶液的 pH 值测定，除另有规定外，先用苯二甲酸盐标准缓冲液校正仪器后测定供试品溶液，并重取供试品溶液再测，直至 pH 值的读数在 1min 内改变不超过 ±0.05 止；然后再用硼砂标准缓冲液校正仪器，再如上法测定；两次 pH 值的读数相差应不超过 0.1，取两次读数的平均值为其 pH 值。

（8）配制标准缓冲液与溶解供试品的水，应是新沸过并放冷的纯化水，其 pH 值应为 5.5～7.0。

（9）标准缓冲溶液的配制、保存、使用应严格按规定进行。一般可保存 2～3 个月，但发现有浑浊、发霉或沉淀等现象时，不能继续使用。

（10）玻璃电极需在蒸馏水中浸泡 24h 以上方可使用。不用时宜浸在蒸馏水中保存。

项目评价

一、选择题

1. 电位法属于（　　）。
A. 酸碱滴定法　　B. 重量分析法　　C. 电化学分析法　　D. 光化学分析法
2. 电位法测定溶液的 pH 值属于（　　）。
A. 直接电位法　　B. 电位滴定法　　C. 比色法　　D. 永停滴定法
3. 玻璃电极的内参比电极是（　　）。
A. 银电极　　B. 银-氯化银电极　　C. 甘汞电极　　D. 标准氢电极
4. 下列电极属于膜电极的是（　　）。
A. 银-氯化银电极　　　　B. 铂电极
C. 玻璃电极　　　　　　　D. 氢电极
5. 校正 pH 计时，选择两种 pH 值约相差（　　）的标准缓冲溶液。
A. 2 个 pH 单位　　B. 3 个 pH 单位　　C. 4 个 pH 单位　　D. 5 个 pH 单位
6. 玻璃电极在使用前一定要在水中浸泡几小时，目的在于（　　）。
A. 清洗电极　　B. 活化电极　　C. 校正电极　　D. 检查电极好坏
7. 玻璃电极在使用前，应在纯化水中浸泡（　　）。
A. 6h　　B. 18h　　C. 24h　　D. 30h
8. 当 pH 计上的电表指针所指示的 pH 值与标准缓冲溶液的 pH 值不符时，可通过调节（　　）使之相符。
A. 温度补偿器　　B. 定位调节器　　C. 零点调节器　　D. pH-mV 转换器

二、填空题

1. 测定溶液 pH 值常选用_____为指示电极，_____为参比电极。
2. 指示电极是指_____。
3. 参比电极是_____。
4. 复合电极是由_____和_____组成。

三、简答题

1. 金属基电极有哪几类？
2. 试述如何采用"两次测量法"测定溶液 pH 值？并说明 pH 计上定位钮和温度调节钮的作用和用法。
3. 根据样品溶液的 pH 值，如何选择校准用标准缓冲溶液及核对用标准缓冲溶液？

项目二 电位滴定法

任务 混合碱的含量测定

工作任务

取混合碱（Na_2CO_3 + NaOH），照电位滴定法，用盐酸滴定液（0.1mol/L）滴定至终点，记录滴定液的消耗体积，计算混合酸的含量。

任务目标

（1）素养 具备标准意识、规范意识、实事求是、精益求精的工匠精神。
（2）知识 掌握电位滴定法的原理；掌握电位滴定终点的方法。
（3）技能 能熟练操作 pH 计；能熟练采用电脑作图绘制电位滴定曲线并判断滴定终点。

任务实施

1. 分析任务，设计流程

开机、仪器预热→溶液的制备→设置参数→仪器校正→仪器验证→边滴边记录体积，直至化学计量点后→绘制滴定曲线，判断滴定终点。

2. 任务准备

pH 计、电子天平、50mL 量筒 1 个、100mL 烧杯 1 个、25mL 聚四氟乙烯滴定管 1 支、玻璃棒、复合电极等。

3. 操作要点

（1）安装复合电极，打开仪器，设置温度，选择测量模式（详见 pH 计使用说明书）。

（2）制备混合碱溶液：精密称取混合碱供试品 0.1g，置于 100mL 烧杯中，精密称定，加 50mL 水，搅拌溶解，即得供试品溶液。

（3）将电极置于混合碱溶液中，边滴加滴定液边搅拌。每加入一定体积的盐酸滴定液，记录一次电位值。开始滴定时，每次可加 1.00mL；当达到化学计量点附近时（化学计量点前后约 0.5mL），每次加 0.10mL；过了化学计量点后，每次仍加

1.00mL，一直滴定到化学计量点后 5mL。

（4）清洗电极，关机，填写仪器使用记录。

（5）将测得的电位（E）及其对应的体积（V）输入 excel 表，并计算 ΔE、ΔV、$\Delta E/\Delta V$、$\Delta^2 E/\Delta V^2$、$\bar{V}$。

① 绘制 E-V 曲线。选择电位（E）及其对应的体积（V）两列数据，点击插入→带平滑线和平滑曲线的散点图→生成滴定曲线→以滴定曲线的陡然上升或下降部分的中点或曲线的拐点为滴定终点→计算混合碱的含量。

② 绘制 $\Delta E/\Delta V$ - $\bar{V}$ 曲线。选择一级微商（$\Delta E/\Delta V$）及其对应的平均体积（$\bar{V}$）两列数据，点击插入→带平滑线和平滑曲线的散点图→生成曲线→以曲线的最高点为滴定终点→计算混合碱的含量。

③ 绘制 $\Delta^2 E/\Delta V^2$ - V 曲线。选择二级微商（$\Delta^2 E/\Delta V^2$）及其对应的体积（V）两列数据，点击插入→带平滑线和平滑曲线的散点图→生成滴定曲线→以曲线的纵坐标为零时对应的体积为滴定终点→计算混合碱的含量。

4. 实验结果

V/mL	E/mV	ΔE/mV	ΔV/mL	$\dfrac{\Delta E}{\Delta V}$/（mV/mL）	$\bar{V}$/mL	$\Delta\left(\dfrac{\Delta E}{\Delta V}\right)$	$\dfrac{\Delta^2 E}{\Delta V^2}$

绘制的滴定曲线图（E-V 曲线、$\Delta E/\Delta V$ - $\bar{V}$ 曲线、$\Delta^2 E/\Delta V^2$-V 曲线）

E–V 曲线：

$\Delta E/\Delta V$ - $\bar{V}$ 曲线：

$\Delta^2 E/\Delta V^2$-V 曲线：

滴定终点体积	E-V 曲线	$\Delta E/\Delta V$ - $\bar{V}$ 曲线	$\Delta^2 E/\Delta V^2$-V 曲线
V_1/mL			
V_2/mL			

计算含量：

$$m_{Na_2CO_3} = n_{Na_2CO_3} M_{Na_2CO_3} = C_{HCl}(V_2 - V_1) \times 10^{-3} \times M_{Na_2CO_3}$$

$$m_{NaOH} = n_{NaOH} M_{NaOH} = C_{HCl} V_1 \times 10^{-3} \times M_{NaOH}$$

$$M_{Na_2CO_3} = 106 \text{g/mol} \qquad M_{NaOH} = 40 \text{g/mol}$$

总结提高

（1）采用自动电位滴定仪可方便地获得滴定数据或滴定曲线。

（2）混合碱在进行测定时有两个滴定突跃，可根据这两个突跃所消耗的体积判断混合碱的组成，计算其含量。

巩固练习

自主练习电位滴定法测定磷酸的含量,自行绘制滴定曲线,根据评价表完成自我评定,上传学习平台。

 ## 任务评价

混合酸的含量测定任务评价表

班级:_____   姓名:_____   学号:_____

序号	任务要求	配分/分	得分/分
1	制定工作方案	5	
2	准备仪器、药品	10	
3	溶液的配制	10	
4	参数设置	10	
5	滴定间隔设置合理	10	
6	曲线绘制正确	20	
7	正确判断结果	15	
8	结束后清场	10	
9	态度认真、操作规范有序	10	
	总分	100	

工作报告

班级：　　　　姓名：　　　　学号：　　　　成绩：

工作任务	
任务目标	
任务准备	
任务实施	
注意事项	
学习反思	

学习资源

基本原理

电位滴定法是根据滴定过程中指示电极电位的突跃来确定滴定终点的一种滴定分析方法。

进行电位滴定时,在被测溶液中插入一支指示电极和一支参比电极组成原电池。在不断搅拌下加入滴定剂,被测离子与滴定剂发生化学反应,使被测离子浓度不断变化,根据 Nernst 方程式可知,指示电极的电位值也发生相应的变化。在化学计量点附近,离子浓度发生突变,引起指示电极电位发生突变,指示终点到达。最后根据滴定剂的浓度和终点时滴定剂消耗的体积计算试液中待测组分的含量。

电位滴定装置

电位滴定法的仪器装置如图 3-2-1 所示。

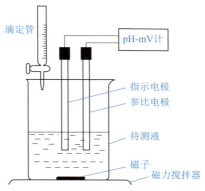

图 3-2-1　电位滴定仪装置图

（1）滴定管：根据被测物质含量的高低,可选择常量滴定管或微量滴定管、半微量滴定管。

（2）电极：电位滴定法广泛应用于酸碱滴定、沉淀滴定、氧化还原滴定和配位滴定,不同类型的滴定可选用不同的指示电极,参比电极一般选用饱和甘汞电极（SCE）。实际工作中应使用产品质量标准规定的指示电极和参比电极。

电位滴定法的特点

电位滴定法与化学分析法的区别是终点指示的方法不同。普通的滴定法是以指示剂颜色的变化来指示滴定终点；电位滴定法是利用电池电动势的突跃来指示终点。电位滴定法有以下特点：

（1）准确度高。电位滴定法判断终点的方法比用指示剂指示终点更为客观,因而电位滴定法结果更为准确。

（2）可用于无优良指示剂、浑浊、有色溶液的滴定。
（3）可用于连续滴定、自动滴定、微量滴定、非水滴定。
（4）操作麻烦，数据处理费时。

滴定终点的确定

1. 实验方法

电位滴定时，先称取一定量试样并将其制备成试液。然后选择一对合适的电极，经适当的预处理后，浸入待测试液中，并连接好装置。开动电磁搅拌器和毫伏计，先读取滴定前试液的电位值（读数前要关闭搅拌器），然后开始滴定。滴定过程中，应边滴定边记录滴定剂的体积 V（mL）及电位计读数 E（mV）值。滴定刚开始时可快些，测量间隔可大些（如每次可滴入 5mL 滴定液测量一次电动势），当滴定液滴入约为所需滴定体积的 90% 时，测量间隔要小些。在滴定终点附近，最好每滴入 0.1mL 滴定液，便记录 1 次电位计读数，直至电动势变化不大为止。根据所测得的一系列电动势（或 pH 值）以及滴定消耗的体积确定滴定终点。表 3-2-1 是一典型的电位滴定计量点附近数据记录及数据处理表。

2. 终点的确定方法

电位滴定法确定终点的方法通常有三种，即 E-V 曲线法、$\Delta E/\Delta V$-$\bar{V}$ 曲线法和二阶微商法。

（1）E-V 曲线法。以加入滴定剂的体积 V 为横坐标，以与其对应的电位计读数 E（电动势）为纵坐标，得到一条 S 形的 E-V 曲线。曲线的转折点（拐点）所对应的体积 V 即为滴定终点的体积。如图 3-2-2（a）所示。E-V 曲线法简单，但准确性稍差。

（2）$\Delta E/\Delta V$-$\bar{V}$ 曲线法。又称一阶微商法，$\Delta E/\Delta V$ 表示滴定剂单位体积变化引起电动势的变化值，以 $\Delta E/\Delta V$ 为纵坐标，以相邻两次加入滴定剂体积的算术平均值 $\bar{V}$ 为横坐标，得到一条峰状的 $\Delta E/\Delta V$-$\bar{V}$ 曲线，如图 3-2-2（b）所示。峰状曲线的最高点所对应的体积 V 即为滴定终点的体积。

（3）$\Delta^2 E/\Delta V^2$-V 曲线法。又称二阶微商法，$\Delta^2 E/\Delta V^2$ 表示滴定剂单位体积变化引起的 $\Delta E/\Delta V$ 的变化值，即 $\Delta(\Delta E/\Delta V)/\Delta V$。以 $\Delta^2 E/\Delta V^2$ 为纵坐标，以 V 为横坐标，得到一条具有两个极值的 $\Delta^2 E/\Delta V^2$-V 曲线，如图 3-2-2（c）所示。$\Delta^2 E/\Delta V^2 = 0$ 时，所对应的体积 V 即为滴定终点的体积。

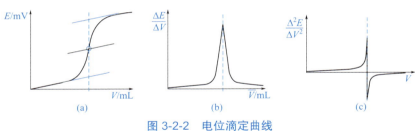

图 3-2-2　电位滴定曲线

表 3-2-1　典型的电位滴定数据记录及数据处理

V/mL	E/mV	ΔE/mV	ΔV/mL	$\dfrac{\Delta E}{\Delta V}$/(mV/mL)	$\overline{V}$/mL	$\Delta\left(\dfrac{\Delta E}{\Delta V}\right)$	$\dfrac{\Delta^2 E}{\Delta V^2}$
0.00	114						
		0	0.10	0.0	0.05		
0.10	114						
		16	4.90	3.3	2.55		
5.00	130						
		15	3.00	5.0	6.50		
8.00	145						
		23	2.00	11.5	9.00		
10.00	168						
		34	1.00	34	10.50		
11.00	202						
		16	0.20	80	11.10		
11.20	218						
		7	0.05	140	11.225		
11.25	225					120	2400
		13	0.05	260	11.275		
11.30	238					280	5600
		27	0.05	540	11.325		
11.35	265					−20	−400
		26	0.05	520	11.375		
11.40	291					−220	−4400
		15	0.05	300	11.425		
11.45	306						
		10	0.05	200	11.475		
11.50	316						
		36	0.05	72	11.75		
12.00	352						
		25	1.00	25	11.50		
13.00	377						
		12	1.00	12	13.50		
14.00	389						

项目评价

一、选择题

1. 电位滴定法是靠（　　）指示终点。
   A. 内指示剂　　　B. 外指示剂　　　C. 电流的变化　　　D. 电位的变化

2. 滴定分析法与电位滴定法的主要区别是（　　）。
   A. 滴定的对象不同　　　　　　　B. 滴定液不同
   C. 指示剂不同　　　　　　　　　D. 指示终点的方法不同

3. 电位滴定法中，以 $\Delta E/\Delta V$ 对 $\bar{V}$ 绘制滴定曲线，滴定终点为（　　）。
   A. 曲线的最大斜率（最正值）点　　B. $\Delta E/\Delta V$ 为零时的点
   C. 曲线的斜率为零时的点　　　　　D. 曲线的最小斜率（最负值）点

4. 电位滴定法中电极组成为（　　）。
   A. 两支不相同的参比电极　　　　B. 两支相同的指示电极
   C. 两支不相同的指示电极　　　　D. 一支参比电极，一支指示电极

二、计算题

用电位法测定 NaCl 的含量，得到如下数据。试用 $\Delta E/\Delta V$-$\bar{V}$ 曲线法求其终点时 $AgNO_3$ 溶液的体积。

V_{AgNO_3}/mL	11.10	11.20	11.30	11.40	11.50	12.00
E/mV	210	234	250	303	328	365

项目三
永停滴定法

任务　磺胺嘧啶的含量测定

工作任务

取本品约 0.5g，精密称定，照永停滴定法（通则 0701），用亚硝酸钠滴定液（0.1mol/L）滴定。每 1mL 亚硝酸钠滴定液（0.1mol/L）相当于 25.03mg 的 $C_{10}H_{10}N_4O_2S$。

任务目标

（1）素养　具备标准意识、规范意识、实事求是、精益求精的工匠精神。
（2）知识　掌握永停滴定法的原理及终点判定方法。
（3）技能　能熟练操作永停滴定仪，能熟练进行永停滴定法操作，正确记录并判断结果。

任务实施

1. 分析任务，设计流程

开机、仪器预热→溶液的制备→选择测量模式、滴定方式、设置参数→滴定→结果判断。

2. 任务准备

永停滴定仪、分析天平、甲硝唑、100mL 烧杯 1 个、托盘天平、亚硝酸钠滴定液（0.1mol/L）、手套等。

3. 操作要点

（1）打开仪器，预热 30min（详见永停滴定仪使用说明书）。
（2）制备供试品溶液：取本品约 0.2g 精密称定，置于烧杯中，加水 40mL 与盐酸溶液（1→2）15mL，置于电磁搅拌器上，搅拌使溶解，再加溴化钾 2g，即得供试品溶液。
（3）插入铂-铂电极后，将滴定管的尖端插入液面下约（2/3）处，用亚硝酸钠滴定液 0.1mol/L 迅速滴定，随滴随搅拌，至近终点时，将滴定管的尖端提出液面，用少量水淋洗尖端，洗液并入溶液中，继续缓缓滴定，至电流计指针突然偏转，并不再恢复，即为滴定终点。

（4）清洗电极，关机，填写仪器使用记录。

4. 实验结果

滴定终点时所消耗的滴定液体积 V = _____ mL

计算含量：

5. 结果判断

标准规定：本品含 $C_{10}H_{10}N_4O_2S$ 应为 99.0% ～ 101.0%。

结论：□符合规定　　□不符合规定

必备知识

永停滴定法是根据滴定过程中插入被滴定溶液中的双铂电极间电流的变化来确定滴定终点的方法，属于电流滴定法的一种。

总结提高

（1）仪器的插座必须保持清洁、干燥，切忌与酸、碱、盐溶液接触，防止受潮，以确保仪器绝缘和高输入阻抗性能。仪器不用时，将 Q9 短路插头插入测量电极的插座内，防止灰尘及水汽浸入。在环境湿度较高的场所使用时，应把电极插头用干净纱布擦干。

（2）整个滴定管最好经常用蒸馏水清洗，特别是会产生沉淀或结晶的滴定液（如 $AgNO_3$ 溶液），在使用完毕后应及时清洗，以免破坏阀门。

巩固练习

自主练习苯佐卡因的含量测定,根据评价表完成自我评定,上传学习平台。

 任务评价

磺胺嘧啶的含量测定任务评价表

班级:_____ 姓名:_____ 学号:_____

序号	任务要求	配分/分	得分/分
1	制定工作方案	5	
2	准备仪器、药品	10	
3	溶液的配制	10	
4	仪器的使用	10	
5	终点的判断	10	
6	数据记录与计算	20	
7	正确判断结果	15	
8	结束后清场	10	
9	态度认真、操作规范有序	10	
	总分	100	

操作指南
1. 雷磁 ZDJ-5 型永停滴定仪的使用
2. 雷磁 ZDJ-5 型永停滴定仪滴定管系数的标定

工作报告

班级：　　　　姓名：　　　　学号：　　　　成绩：

工作任务	
任务目标	
任务准备	
任务实施	
注意事项	
学习反思	

> 学习资源

永停滴定法

永停滴定法是根据滴定过程中插入被滴定溶液中的双铂电极间电流的变化来确定滴定终点的方法,属于电流滴定法的一种。

可逆电对与不可逆电对

例如,将两支铂电极插入被滴定的 I_2 溶液中,两电极间电位相等,不发生反应,没有电流通过。若在两个电极之间外加一小电压,一支铂电极发生氧化反应,另一支铂电极则发生还原反应,电路有电流通过,检流计指针有一定偏转。用硫代硫酸钠标准溶液滴定时,在到达化学计量点之前,溶液中始终存在着 I^- 和 I_2,维持电极反应。到达计量点时,I_2 的浓度突然变小,没有电流通过检流计,指针回零。

像 I_2/I^- 这样的电对,在溶液中与双铂电极组成电池,外加一个很小的电压就能产生电解作用,有电流通过,此电对称为可逆电对。

如果溶液中的电对是 $S_4O_6^{2-}/S_2O_3^{2-}$,插入两个铂电极,外加一个小电压,不能发生电解作用,无电流产生,此电对称为不可逆电对。

永停滴定法就是依据在外加小电压下,可逆电对有电流产生,不可逆电对无电流产生的现象,来确定滴定终点的。

永停滴定仪

永停滴定仪的装置如图 3-3-1 所示。

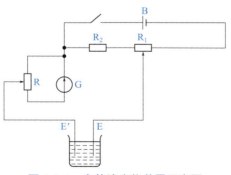

图 3-3-1 永停滴定仪装置示意图

E、E'—铂电极;R—分流电阻;R_1—500Ω 的绕线电位器;
R_2—500Ω 左右的电阻;G—电流计

进行永停滴定时,将两支相同的铂电极插入样品溶液中,在两电极间外加一低电压(10～100mV),串联一只电流计,然后在电磁搅拌器的搅拌下进行滴定,通过观察滴定过程中电流计指针的变化确定滴定终点。

判断终点的方法

根据滴定过程中电流的变化情况,永停滴定法常分为三种不同类型。

1. 滴定剂为不可逆电对,被测液为可逆电对

例如:硫代硫酸钠液滴定碘溶液。

反应式为 $I_2 + 2S_2O_3^{2-} \rightleftharpoons 2I^- + S_4O_6^{2-}$

化学计量点前,溶液中有可逆电对 I_2/I^- 存在,因此有电流通过检流计。随着滴定的进行,I_2 浓度越来越小,电流也逐渐变小,化学计量点时,降至零电流。化学计量点后,溶液中只有不可逆电对 $S_4O_6^{2-}/S_2O_3^{2-}$ 及 I^-,无电解反应发生,检流计指针指零不再变化。滴定过程中的 $I\text{-}V$ 滴定曲线如表 3-3-1 所示,这种类型的滴定是以电流计指针突然下降到零保持不动为滴定终点。永停滴定法由此而得名。

2. 滴定剂为可逆电对,被测液为不可逆电对

例如:碘液滴定硫代硫酸钠溶液。

反应式为 $I_2 + 2S_2O_3^{2-} \rightleftharpoons 2I^- + S_4O_6^{2-}$

化学计量点前,溶液中只有不可逆电对 $S_4O_6^{2-}/S_2O_3^{2-}$ 存在,无电解反应,无电流产生,电流计的指针指零。达到化学计量点时,有稍过量的 I_2 液滴入后,溶液中有了 I_2/I^- 可逆电对,有电流产生,电流计指针发生偏转。这种类型的滴定是以电流计的指针从"零"位发生偏转并不再回"零"为滴定终点。$I\text{-}V$ 滴定曲线如表 3-3-1 所示。

3. 滴定剂与被测液均为可逆电对

例如:Ce^{4+} 液滴定 Fe^{2+} 溶液。

反应式为 $Ce^{4+} + Fe^{2+} \rightleftharpoons Ce^{3+} + Fe^{3+}$

滴定前,溶液中仅有 Fe^{2+} 而无 Fe^{3+},没有电解反应,无电流产生。滴定开始后,随着 Ce^{4+} 的滴入,有 Fe^{3+} 生成,溶液中有 Fe^{3+}/Fe^{2+} 可逆电对,有电流产生,而且随着 Fe^{3+} 的不断增加,电流越来越大;当 $c_{Fe^{3+}} = c_{Fe^{2+}}$ 时,电流最大;继续滴入 Ce^{4+} 液,Fe^{2+} 离子浓度逐渐下降,电流也逐渐变小。化学计量点时,溶液中几乎无 Fe^{2+} 离子,电流降至最低点。过量的 Ce^{4+} 滴入后,溶液中有 Ce^{4+}/Ce^{3+} 可逆电对,电流又开始增大。Ce^{4+} 滴定 Fe^{2+} 的 $I\text{-}V$ 滴定曲线如表 3-3-1 所示。

表 3-3-1 永停滴定法三种类型

滴定剂	被滴物	$I\text{-}V$ 滴定曲线
可逆电对 I_2/I^-	不可逆电对 $S_4O_6^{2-}/S_2O_3^{2-}$	
不可逆电对 $S_4O_6^{2-}/S_2O_3^{2-}$	可逆电对 I_2/I^-	

续表

滴定剂	被滴物	I-V 滴定曲线
可逆电对 Ce^{4+}/Ce^{3+}	可逆电对 Fe^{3+}/Fe^{2+}	

项目评价

一、选择题

1. 永停滴定法所需的电极是（　　）。
   A. 一支参比电极，一支指示电极　　B. 两支相同的指示电极
   C. 两支不同的指示电极　　　　　　D. 两支相同的参比电极

2. 永停滴定法是根据（　　）确定滴定终点的。
   A. 电压变化　　B. 电流变化　　C. 电阻变化　　D. 颜色变化

3. 永停滴定法属于（　　）。
   A. 电位滴定法　　　　　　　　　　B. 电导滴定法
   C. 氧化还原滴定法　　　　　　　　D. 电流滴定法

4. 永停滴定法中，当通过的电流达到最大时，其氧化态和还原态的浓度关系为（　　）。
   A. 氧化态浓度大于还原态浓度　　　B. 氧化态浓度等于还原态浓度
   C. 氧化态浓度小于还原态浓度　　　D. 氧化态浓度或还原态浓度为零

二、简答题

1. 比较电位滴定法与永停滴定法有何异同点。
2. 以亚硝酸钠标准溶液滴定磺胺类药物为例，说明如何确定滴定终点。

三、计算题

精密称取盐酸普鲁卡因 0.5522g，按永停滴定法，在 15～25℃，用亚硝酸钠滴定液（0.1006mol/L）滴定。消耗亚硝酸钠滴定液 20.05mL。每 1mL 亚硝酸钠滴定液（0.1mol/L）相当于 27.28mg 盐酸普鲁卡因（$C_{13}H_{20}N_2O_2 \cdot HCl$）。计算盐酸普鲁卡因的含量。

参考文献

[1] 国家药典委员会．中华人民共和国药典．2020年版二部、四部．北京：中国医药科技出版社，2020．

[2] 中国药品生物制品检定所，中国药品检验总所．药品检验仪器操作规程．2015年版．北京：中国医药科技出版社，2015．

[3] 国家药典委员会．中国药典分析检测技术指南．2017年版．北京：中国医药科技出版社，2017．

[4] 中国药品生物制品检定所．中国药品检验标准操作规范．2019年版．北京：中国医药科技出版社，2017．

[5] 任玉红，闫冬良．仪器分析．南京：人民卫生出版社，2018．

参考文献

[1] 国家药典委员会. 中华人民共和国药典. 2020年版二部、四部. 北京：中国医药科技出版社，2020.

[2] 中国药品生物制品检定所，中国药品检验总所. 药品检验仪器操作规程. 2015年版. 北京：中国医药科技出版社，2015.

[3] 国家药典委员会. 中国药典分析检测技术指南. 2017年版. 北京：中国医药科技出版社，2017.

[4] 中国药品生物制品检定所. 中国药品检验标准操作规范. 2019年版. 北京：中国医药科技出版社，2017.

[5] 任玉红，闫冬良. 仪器分析. 南京：人民卫生出版社，2018.